여 기 는
캄 보 디 아
입 니 다

혼자 떠나는

앙코르 시간 여행

혼자 떠나는 앙코르 시간 여행

여기는 **캄보디아** 입니다

초판 1쇄 발행일 2020년 7월 22일
초판 2쇄 발행일 2024년 11월 05일

지은이 김종건
펴낸이 양옥매
디자인 임흥순 임진형
교 정 조준경

펴낸곳 도서출판 책과나무
출판등록 제2012-000376
주소 서울특별시 마포구 방울내로 79 이노빌딩 302호
대표전화 02.372.1537 **팩스** 02.372.1538
이메일 booknamu2007@naver.com
홈페이지 www.booknamu.com
ISBN 979-11-5776-917-9 (03980)

이 도서의 국립중앙도서관 출판시도서목록(CIP)은 서지정보유통지원 시스템 홈페이지(http://seoji.nl.go.kr)와 국가자료공동목록시스템(http://www.nl.go.kr/kolisnet)에서 이용하실 수 있습니다.
(CIP제어번호 : CIP2020028239)

여기는
캄보디아
입니다

김종건 지음

혼자 떠나는

앙코르 시간 여행

***

일러두기

본문의 지명이나 음식, 과일 등의
고유명사는 크메르어 발음에 가깝게 표기하였다.
다만 앙코르와트, 프놈펜, 바탐방은 국내에 많이 알려진 그대로 썼다.

슬프고도 찬란했던 캄보디아 역사의 내음을 찾아

이 책에서는 글쓴이의 진한 발 냄새가 난다. 캄보디아 민쩨이 국립대학교 한국어학과의 KOICA 교수 요원으로 활동하면서 캄보디아 구석구석을 두 발로, 땀으로 확인하고 탐구해 낸 깊고 좋은 냄새이다. 캄보디아에 대한 큰 관심과 애정으로 만들어 낸 이 책에서 독자들은 캄보디아의 슬프고도 찬란했던 역사의 내음을 맡을 수 있을 것이다.

– 노현준(코이카 캄보디아 사무소 소장)

캄보디아에 대한 풍부한 지식을 담은 놀라운 책

이 책은 저자가 코이카 해외봉사단원으로 캄보디아 민쩨이 국립대학교에서 2년간 근무하면서 캄보디아 전국을 다니며 느낀 것을 글로 표현한 놀라운 책이다. 저자는 캄보디아의 문화, 역사, 지리적 환경에 대한 풍부한 지식을 갖고 있으며 특히 2회에 걸쳐 한국–캄보디아 문화축제 행사를 총괄하고, 태국 국경에서 프놈펜까지 두 발로 걸었던 모험은 우리 대학교를 많은 사람들에게 알리는 계기가 되었다.

– 쌈응아(캄보디아 민쩨이 국립대학교 총장)

This is an amazing book, decribing most parts of Cambodia by the writer's adventure. He is our remarkable KOICA volunteer, working at my university, Mean Chey National University, Cambodia for 2 years. He has made lots of people know our university and the richness of Cambodian culture and geography with his teaching profession, his 2 organizing events of Cambodian–Korean Exhibition and Korean writing Contest and his walking adventure across Cambodia.

– Sam Nga(Mean Chey National University of Cambodia, Rector)

នេះគឺជាសៀវភៅដ៏គួរឲ្យភ្ញាក់ផ្អើលមួយដែលអធិប្បាយអំពីផ្នែកជាច្រើននៃប្រទេសកម្ពុជាដោយដំណើរផ្សងព្រេងរបស់អ្នកនិពន្ធ។គាត់គឺជាអ្នកស្ម័គ្រចិត្តម្នាក់តាមរយៈ អង្គការកយកាដែលបង្រៀនភាសាកូរ៉េនៅសាកលវិទ្យាល័យរបស់ខ្ញុំគឺសាកលវិទ្យាល័យមានជ័យប្រទេសកម្ពុជាអស់រយៈពេល២ឆ្នាំ,២០១៨២០១៩។ គាត់បានធ្វើឲ្យមនុស្សជាច្រើនស្គាល់និងចាប់អារម្មណ៍ពីសាកលវិទ្យាល័យមានជ័យនិងភាពសម្បូរណ៍បែបនៃវប្បធម៌អរិយធម៌កម្ពុជាព្រមទាំងភូមិសាស្ត្រផងដែរតាមរយៈការបង្រៀនប្រកបដោយវិជ្ជាជីវៈ,ការបង្កើតព្រឹត្តិការណ៍២នៃការពិពណ៌វប្បធម៌កម្ពុជា-កូរ៉េនិងការប្រកួតប្រជែងធ្វើតេស្តសរសេរភាសាកូរ៉េ, ព្រមទាំងដំណើរផ្សងព្រេងដោយថ្មើរជើងផ្ទាល់របស់គាត់ក្នុងប្រទេសកម្ពុជា។

– ឯកឧត្តម សំ ង៉ា (កម្ពុជា សាកលវិទ្យាល័យមានជ័យ សាកលវិទ្យាធិការ)

글을 시작하며

"쭘립쑤어(안녕하세요)!" 캄보디아 살면서 제일 많이 하는 말이다. 이제 "쭘립리어(안녕히 계세요)!"를 말해야 할 때다. 나는 외교부 산하기관인 한국국제협력단(KOICA) 해외봉사단원으로 2년의 임기 마지막을 보내고 있다. 수도 프놈펜에서 두 달, 그 후로는 앙코르 제국의 도시 시엠립과 가까운 반띠민쩨이주 시소폰에서 살고 있다.

앙코르와트와 킬링필드. 캄보디아를 말할 때 우리가 가장 많이 듣는 단어다. 두 단어는 오랜 세월의 간극을 갖고 있지만 캄보디아의 슬픈 역사를 말하는 같은 단어다. 한때 동남아시아에 대제국을 건설했던 앙코르 제국은 흔적도 없이 사라져 앙코르 유적만이 그때의 영화를 말해 주고 있다. 킬링필드에는 강대국 사이에서 이데올로기의 희생양이 된 수많은 영혼들이 아직도 구천을 떠

돌고 있다.

앙코르 유적은 신이 만들었다. 그렇지 않고서는 그 시대에 이런 건축물을 만들었다는 것이 믿기지 않을 만큼 불가사의하다. 처음 앙코르와트나 앙코르톰을 보면 그저 신기할 뿐이다. 앙코르 유적은 워낙 방대하게 퍼져 있어 며칠로는 다 볼 수도 없다. 앙코르 유적을 처음 본 순간, 대제국이 어떻게 흔적도 없이 사라졌는지 강한 의문이 들었다. 앙코르 유적을 깊이 들여다볼수록 뭔가를 말하는 듯한데 나는 도저히 그것을 이해할 수가 없었다. 앙코르 제국에 대한 나의 관심은 이렇게 시작되었다.

앙코르 제국의 역사를 알게 되면서 나는 앙코르 제국에 깊숙이 빠져들었다. 앙코르 제국(Kingdom of Angkor)이 지금의 캄보디아 왕국(Kingdom of Cambodia)이다. 캄보디아 사람들은 앙코르 제국 멸망 후 고난의 역사를 살아왔지만 앙코르 제국의 후손으로서 자부심이 강하다. 그리고 언젠가 다시 도래할 위대한 그날을 꿈꾸고 있다. 앙코르와트 사원이나 앙코르톰, 반띠츠마 사원의 부조에는 용맹스러운 그들의 조상이 어떻게 대제국을 만들었는지 생생히 그려져 있다. 나는 앙코르 제국의 후손들을 만나서 묻고 싶었다. 그래서 캄보디아 구석구석을 찾아갔다.

방대하게 흩어져 있는 앙코르 유적지를 수차례 방문했던 나는 캄보디아의 많은 도시를 다니며 앙코르 제국의 후손들을 만났다. 돈레삽에서 오랜 세월 끈질긴 삶을 이어 가는 물 위의 삶도 만났다. 태국 국경에서 프놈펜까지 420㎞를 걸으며 소박한 삶을 살아

가는 많은 사람들을 만나기도 했다. 느린 기차를 하루 종일 타고 가며 창밖으로 보이는 보통 사람들의 삶을 엿보기도 했다. 앙코르 제국의 역사와 때 묻지 않은 삶 그리고 열대의 자연이 살아 있는 곳, 캄보디아에서는 시간도 느리게 간다.

이 글은 우리가 미처 몰랐던 캄보디아에 대한 이야기다. 이 글을 통해 캄보디아가 독자들에게 좀 더 가까이 느껴지기를 바란다.

2020년 여름

캄보디아 반띠민쩨이주 시소폰에서

캄보디아는 어떤 나라인가?

캄보디아 역사는 1세기 말경의 푸난 시대부터 시작된다. 푸난(Funan)은 산을 의미하는 고대 크메르어 프놈(Phnom)의 음역에서 왔다. 푸난은 500여 년간 지속되었다고 알려져 있지만 그 당시 기록이 거의 없어 정확한 역사를 알기는 어렵다.

첸라 시대. 푸난은 종속 국가였던 첸라(Chenla) 왕국에 의해 멸망하고 첸라 시대(550~802)가 열린다. 첸라 시대의 가장 강한 왕이었던 이사나바르만(611?~635?)은 라오스와 태국, 베트남 일부로 영토를 확장하면서 썸보쁘레이쿡(껌뽕톰주 썸보쁘레이쿡 지역)에 새로운 수도를 건설한다. 썸보쁘레이쿡 사원을 보면 그 당시 도시의 규모가 매우 컸다는 것을 알 수 있다. 7세기 후반 첸라 왕국은 혼란의 시대가 되며 육(陸)첸라와 수(水)첸라로 분리된다. 수첸라에 볼

첸라 시대의 수도 썸보쁘레이쿡 사원의 일부

모로 잡혀 온 어린 왕자는 세력을 키워 마침내 주변국을 통일하고 앙코르 제국 시대를 연다. 그가 바로 자야바르만 2세다.

앙코르 제국 시대, 자야바르만 2세(802~834)는 영토를 확장하며 독립 국가를 완성하고 왕으로 즉위한다. 자야바르만 2세 통치 시기에는 수도를 다섯 번 옮기는데 국가가 안정된 후에는 하리하라라야(시엠립에서 동쪽으로 10㎞ 떨어진 룰로이스 지역)가 수도였다. 그 후 야소바르만 1세(889~910)는 앙코르와트 맞은편의 프놈바켕을 중심으로 새로운 수도 야소다라뿌라를 건설한다.

9년간의 왕위 쟁탈전을 통해 왕위에 오른 수리야바르만 1세(1002~1050)는 첫 번째 대승 불교도 왕이다. 힘겹게 왕위에 오른 그는 강력한 왕권을 유지하기 위해 충성 서약을 받는데 그 내용이 왕궁의 입구 문에 새겨져 있다. 4명의 왕이 그 뒤를 잇다가 왕족이지만 왕위를 이을 기회가 없었던 수리야바르만 2세(1113~1150)가 반란을 일으켜 왕위에 오른다. 그는 힌두교의 비쉬누 신을 받들어 제국을 새롭게 통합하고자 앙코르와트 사원을 건설한다. 앙코르와트 1층 회랑 벽면에는 수리야바르만 2세가 짬파국과의 전쟁에 출정하는 장면이나 속국의 왕을 거느리고 행진하는 모습이 상세히 그려져 있다.

하지만 융성했던 앙코르 제국은 점차 쇠락하여 1177년 짬파국의 공격으로 4년간 지배를 받는다. 그 후 자야바르만 7세가 세력을 모아 짬파국을 물리치고 왕위에 오르는데 그때 그의 나이는 51세였다.

자야바르만 7세의 얼굴, 바이욘의 미소

앙코르 제국의 가장 위대한 왕 자야바르만 7세(1181~1218)는 앙코르톰이라는 새 도시를 건설하고 전국 중요 지역을 연결하는 도로와 다리를 놓고 병원을 짓는다. 불교도였던 그는 앙코르톰 중앙에 불교 사원인 바이욘 사원을 건설한다. 그 당시 앙코르톰 도성과 인근 지역은 70만 명이 넘게 살던 대도시였다.

자야바르만 7세 사후에 앙코르 제국은 쇠락의 길을 걷다가 태국 아유타야 왕국의 침략으로 1431년 시엠립을 버리고 프놈펜 인근으로 수도를 옮긴다. 프놈펜에서 명맥만 유지하던 앙코르 제국은 태국과 베트남 사이에서 더 이상 버티지 못하고 시엠립 앙코르 지역은 태국에, 메콩강 남부 지역은 베트남에 병합된다.

프랑스보호국 시대. 태국과 베트남 사이에서 위기에 처한 노로돔 왕은 1863년 프랑스에 보호를 요청한다. 이때부터 프랑스는 본격적으로 앙코르 유적을 발굴하기 시작한다. 앙코르 유적을 조사하던 탐험가 앙리 무오는 4차 조사 중 말라리아로 라오스에서 사망한다. 그의 기록이 후대에 책으로 발간되면서 앙코르 유적의 신비가 세상에 상세히 알려지게 된다.

캄보디아 왕국 시대(시아누크 시대). 1953년 프랑스 보호로부터 독립하여 캄보디아 왕국으로 캄보디아 시대를 새롭게 시작한다. 국왕은 노르돔 수라마릿.

크메르 공화국 시대. 인도차이나 전쟁의 수렁 속에서 1970년 노로돔 시아누크가 실각하고 론놀 장군에 의해 크메르 공화국이 탄생한다.

민주 캄보디아 시대. 1975년 폴포트에 의해 론놀이 축출되고 민주 캄보디아 시대가 열리면서 킬링필드가 자행된다.

캄보디아 인민공화국 시대. 1979년 헹삼린을 내세운 베트남의 침공으로 폴포트 정권은 쫓겨나고 사회주의 국가인 캄보디아 인민공화국이 수립된다.

캄보디아 왕국 시대(훈센 시대). 내전이 계속되다가 1992년 내전 종식을 위해 UN평화유지군이 주둔하면서 1993년 총선을 거쳐 노로돔 시아누크를 국왕으로, 훈센을 총리로 하는 입헌군주제 국가인 캄보디아 왕국이 탄생하여 지금까지 이어져 오고 있다.

현재 국왕이 거주하는 프놈펜 왕궁의 일부

캄보디아는 수도 프놈펜과 24개 주로 구성되어 있다. 인구는 1,528만 명(2018년 기준), 90%가 크메르족이다(나머지는 베트남인, 중국인, 태국인, 인도인, 짬족 등). 경제가 연 7%씩 성장하고는 있지만 여전히 국민소득 1,500달러 수준에 머물러 있는 가난한 나라다.

최근 캄보디아는 중국 자본을 받아들여 하루가 다르게 발전하고 있다. 프놈펜에는 여기저기 고층 빌딩이 올라가고 시아눅빌은 완전히 다른 도시로 바뀌고 있다. 하지만 이런 급속한 도시화는 빈부 격차 심화, 환경오염 등 수많은 문제를 낳고 있다. 앙코르 제국의 후손들인 크메르족은 지금 시험대에 올라 있다.

차례

추천사 005

글을 시작하며 007

캄보디아는 어떤 나라인가? 010

부활하는 캄보디아 왕국, 프놈펜

프놈펜 왕궁과 그 주변 021

킬링필드의 아픔을 딛고 다시 일어선 캄보디아 037

[Tip] 프놈펜 여행 정보 046

화려했던 앙코르 제국, 시엠립

앙코르 유적은 어떻게 만들어졌나 059

신이 만든 건축물, 앙코르와트 062

앙코르 제국의 거대 도시, 앙코르톰 071

산상 사원, 프놈바켕 082

스펑나무가 삼켜 버린 따프롬 사원 086

왕이 아버지를 위해 바친 쁘레아칸 사원 091

아름다운 병원, 닉뽀안 사원 096

앙코르 제국의 뿌리, 바꽁 사원 101

신이 사랑한 여인을 위해 만든 사원, 반띠쓰레이 105

앙코르 제국의 성지, 프놈쿨렌산 111

현재와 과거가 공존하는 시엠립 시내 116

[Tip] 시엠립 여행 정보 112

또 다른 앙코르 제국, 껌뽕톰과 반띠민쩨이

앙코르 제국의 탄생을 미리 알린 첸라의 수도, 썸보쁘레이쿡 133
[Tip] 껌뽕톰 여행 정보 146
무너져 내린 작은 앙코르톰, 반띠츠마 150
[Tip] 반띠민쩨이 여행 정보 161

4부 혼자 떠나는 시간 여행

캄보디아의 젖줄, 돈레삽 호수 169
프놈펜에서 태국 국경까지, 기차 여행 184
울창한 산림의 도시, 몬돌끼리 싸엔모노롬 197
[Tip] 몬돌끼리 싸엔모노롬 여행 정보 214
메콩강의 도시, 껌뽕짬 221
[Tip] 껌뽕짬 여행 정보 232
돈레삽과 도자기의 도시, 껌뽕츠낭 237
[Tip] 껌뽕츠낭 여행 정보 249
끝없이 펼쳐진 곡창 지대, 바탐방 254
[Tip] 바탐방 여행 정보 268

부록

◆ 캄보디아 전통 음식 276
◆ 캄보디아의 다양한 간식 281
◆ 대표적인 캄보디아 과일 287

어디서 왔는지, 무슨 일을 하는지,

나이가 많은지 적은지 그런 건 중요하지 않다

여기서는 낭만과 꿈을 이야기하면 된다

부활하는 캄보디아 왕국, 프놈펜

프놈펜 왕궁과 그 주변

캄보디아 국가의 정식 명칭은 캄보디아 왕국(Kingdom of Cambodia)이다. 수도는 프놈펜. 프놈펜 왕궁 앞은 우기에 메콩강에서 흘러내려온 강물이 돈레삽으로 역류하는 기점이다. 프놈펜의 명칭은 메콩강 상류에서 떠내려온 불상을 펜이라는 부인이 건져 산에 사원을 세워 모셨다는 데서 유래한다. 프놈(ភ្នំ: 산을 뜻하는 캄보디아말)과 펜(ពេញ)이 합쳐져 프놈펜이 되었다. 그 사원이 왕궁에서 가까이 있는 왓프놈이다.

화려했던 앙코르 제국은 쇠락의 길을 걷다가 1431년 태국의 침입을 받으며 시엠립에서 프놈펜 인근으로 수도를 옮기게 된다. 프놈펜이 본격적으로 발전하게 된 때는 1863년 프랑스보호국이 되면서부터다. 프랑스는 프놈펜을 수도로 삼았고 프랑스의 계획에 따라 수도로서의 면모를 갖추게 된다.

프놈펜의 인구는 213만 명, 2018년 620만 명이 캄보디아를 방문했는데 그중 53%가 프놈펜을 방문했다. 요즘 외국인이 많이 찾는 곳이 프놈펜이다. 캄보디아의 모든 경제력은 프놈펜에 집중되어 있다. 최근에는 중국의 남방정책과 이해관계가 맞아떨어져 중국 자본이 밀려들면서 하루가 다르게 고층 빌딩이 들어서고 있다. 정치·경제·교통의 중심지로, 캄보디아의 모든 도로는 프놈펜을 중심으로 방사선형으로 뻗어 있다.

프놈펜은 아시아의 진주라는 말에 걸맞게 도시의 아름다움과 편의 시설을 갖추고 있다. 프놈펜을 찾는 외국인들은 왕궁의 아름다움과 돈레메콩강의 야경을 즐기며 강변의 레스토랑에서 이국적인 밤을 보낸다. 트마이 시장이나 뚤똠봉 시장에서는 캄보디아 사람들의 일상을 엿볼 수 있다. 왕궁 주변의 많은 프랑스식 건물은 고풍스러움을 느끼기에 충분하다. 툭툭이나 시클로에 몸을 싣고 시내 이곳저곳을 다녀 보면 프놈펜의 멋에 흠뻑 빠지게 된다.

지금의 프놈펜은 가난한 나라 캄보디아의 도시가 아니다. 캄보디아 다른 도시와는 무척이나 큰 차이를 보인다. 왕궁 인근의 고급 호텔이나 강변을 따라 신축 중인 고층 빌딩은 프놈펜의 스카이라인을 바꾸고 있다. 왕궁 앞 돈레삽강과 메콩강이 만나는 거대한 강줄기도 스카이라인의 변화와 함께 밤이면 화려한 네온으로 빛난다. 특히 이른 아침이나 밤에 왕궁 앞 강변을 걷는 느낌은 무척이나 이국적이다. 왕궁 앞은 거대한 바다다. 프놈펜에 살 때 나는 가끔 아침 운동으로 집에서 이곳까지 뛰어와 태양을 맞곤 했다. 이곳

●●● 프놈펜 왕궁 앞 강가에서 바라본 돈레메콩강의 일출

에서 떠오르는 태양을 보면 누구나 큰 꿈을 꾸게 된다. 돈레메콩강은 캄보디아 사람들의 생명의 근원지다.

강변을 바라보다 돌아서면 왕궁이 아름다운 치마폭처럼 펼쳐져 있다. 캄보디아 왕궁(Royal Palace)은 건물의 복합체를 말한다. 노로돔 왕 시대(1860~1904)인 1886년, 지금과 같은 모습으로 만들어졌다. 왕궁 안에서 가장 화려한 건물은 중앙 홀(Throne Hall – Preah Tineang Tevea Vinichhay)이다. 이 건물은 1919년에 지어졌으며 59m 높이의 황금탑이 인상적이다. 국왕 즉위식이나 외교사절 영접 등에 사용한다는데 외관의 아름다움만으로도 그 역할을 하고도 남을 듯하다.

●●● 왕궁에서 가장 화려한 중앙 홀

왕궁 중앙 홀 뒤편의 국왕 거처는 출입이 금지되어 있다. 아담한 건물이 소박하기 그지없다. 화려한 중앙 홀에 비해 보잘것없어 보이는 국왕의 처소지만 그의 인상만큼이나 부드럽다. 캄보디아 TV를 보면 국왕은 이웃집 아저씨같이 친근하게 서민들과 잘 어울린다.

왕궁을 빠져나와 실버파고다로 가기 전 파빌리온 나폴레옹 3세 건축물을 만난다. 한쪽 공간에 외교 사절로부터 받은 선물을 진열했는데 어수선하다. 입구를 지키는 경비 아저씨는 의자에 앉아 졸고 있다. 왕궁의 권위가 전혀 느껴지지 않는 이곳은 여유로움이 넘친다. 그 옆이 왕궁과 붙어 있는 사원, 왕을 위한 사원이다. 오래전에는 이 사원에도 스님이 있었다는데 지금은 없다. 왕도 사람이요 스님도 사람이니 함께 사는 모습이라면 좋았을 텐데 아쉽다.

사원을 대표하는 거대한 석조건물인 실버파고다(Silver Pagoda)는 원래 목조 건물이었던 것을 1962년에 재건축했다. 명칭은 실내 바닥이 은색 타일로 되어 있어 붙여진 것이다. 순은으로 만들어진 타일이 5,329개라는데 눈으로 세어 확인하고 싶은 것은 범부의 부질없는 셈법이다. 이 사원의 원래 명칭은 Temple of The Emerald Budda이다. 사원 단 앞에 모셔져 있는 황금부처상 뒤의 에메랄드 불상에서 유래되었다. 실버파고다는 왕실 전용 사원이니, 웅장하면서도 아름다운 모습이 다른 사원과는 비교할 수 없을 정도로 빼어나다.

●●● 웅장하고 아름다운 실버 파고다

왕궁 사원에는 다섯 명의 국왕을 모신 석탑이 사면에 알맞게 배치되어 있다. 조상을 잘 모셔야 후대가 잘 산다는 말은 이곳에서도 통용된다. 19세기 중반, 캄보디아는 태국과 베트남의 틈바구니 속에서 나라를 지키기 위해 스스로 프랑스 보호를 요청한다. 그 당시 그런 결정을 할 수밖에 없었던 노로돔 국왕(현 국왕의 고조할아버지)은 지금 이곳에 동상으로 서서 캄보디아를 걱정하고 있다.

그리고 또 한 사람, 현 국왕의 아버지 노로돔 시아누크. 그가 왕위에 있던 시절 캄보디아는 역사의 소용돌이를 맞는다. 폴포트에 의해 쫓겨나 시작된 13년의 망명 생활에서도 그는 언젠가 돌아올 그날을 기약하며 중국과 북한을 떠돌았다. 그러다 1993년 다시 왕위에 오른다. 사원 한쪽에 있는 그의 석탑은 앙코르 제국의 부활을 부르짖으며 하늘을 찌를 듯 솟아 있다.

왕궁은 걷는 게 아니라 거닌다고 말한다. 프놈펜 왕궁은 거닌다는 말에 딱 맞는 곳이다. 어디선가 국왕이 불쑥 나타나 손을 내밀 것 같다. 이곳에 온 사람들은 국왕을 부러워하기보다는 국왕과 공간을 함께한다는 행복감에 빠진다. 그래서 프놈펜에 오면 누구나 제일 먼저 왕궁을 찾는다. 왕궁을 걷다 보면 힘들었던 기억보다는 행복했던 기억을 더 많이 떠올린다. 그만큼 왕궁은 도심 속 휴식처다.

왕궁을 나와 왕궁 담벼락을 따라 걸으면 여운이 이어진다. 노란색 담장부터가 색다른 느낌이다. 보도블록을 따라 길게 이어진 노란 황금색 길을 따라 걸으면 로열팰리스 공원이 나오고 그 너머가 돈레삽강과 메콩강이 만나는 곳이다. 왕궁 앞의 공원은 늘 많은 사람들로 붐빈다. 사람들만큼이나 비둘기도 많다. 사람이나 비둘기 모두 평온한 모습이다.

프놈펜 왕궁 주변은 그냥 걸어도 좋다. 돈레메콩강이 눈앞에 펼쳐지고 시원한 바람이 온몸에 느껴진다. 걸으며 볼 것도 많다. 프놈펜국립박물관은 왕궁 바로 옆에 있다. 이곳에는 14,000점 이상의 유물이 전시되어 있다. 유물의 대부분은 앙코르 시대 및 그전 시대인 첸라 시대의 것이다. 박물관 입구에 서면 건물 자체가 유물이다. 크메르 양식의 적색 박물관 건물은 1920년에 지어졌다.

박물관에 들어서면 수많은 앙코르 제국 유물들이 그 시대로 나를 돌려놓는다. 앙코르톰에서 봤던 바이욘의 얼굴은 이곳에서도 여전히 미소 짓고 있다. 썸보쁘레이쿡 사원 중앙 성전 네 모서리 탑 중 한 곳에 있던 모조품 여신상, 진품은 여기에 있다. 두 팔이 잘려 없지만 어깨와 허리를 타고 흐르는 아름다운 실루엣은 7세기경에 만들어졌다는 사실이 믿기지 않을 정도로 금방이라도 움직일 듯하다. 레퍼킹(Leper King) 야소바르만 1세(889~910)의 석상은 문둥병의 손가락 모양이 너무나 사실적이어서 더 애처롭다.

박물관 안 수많은 유물을 연대별 스토리를 이해하며 보는 것은 쉽지 않다. 그래서 처음에는 집중하며 천천히 걷던 걸음도 빨라지고 대충 보게 된다. 다행히 박물관은 크지 않은 편이다. 다 돌아보는 데 두세 시간이면 충분하다. 어딜 가나 박물관 기행은 맘을 푸

●●● 문둥왕 야소바르만 1세의 석상

●●● (좌) 자야바르만 7세, 바이욘의 얼굴상 (우) 비쉬누 여신상

근하게 만든다. 중학생 때 선생님이 박물관에 자주 가 보라고 했던 말은 일리 있는 말이었다.

박물관 앞 거리는 그림과 골동품, 공예품, 실크 스카프 등을 파는 가게들이 줄지어 있다. 길거리 갤러리다. 가게를 기웃기웃 훔쳐보며 길을 걷는다. 그림에 관심이 많아 뚫어지게 한 작품을 쳐다보는데 살 사람으로 생각했는지 흥정을 건다. 이곳의 그림은 아마추어 작가들의 그림으로 가격이 비싸진 않다. 걸으며 머릿속으로 길거리를 스케치해 본다. 2B 연필로 쓱쓱 도로를 그리고 비스듬히 가게를 이어 붙인다. 4B 연필을 이용하여 가게 안의 진열품 모양을 잡는다. 그러자 내 눈에 또 다른 풍경의 스트리트가 펼쳐진다. 프놈펜의 뒷골목은 스케치로 다 표현하기 어려울 정도로 다양한 모습이다.

스트리트(street) 19는 왓프놈 가는 길이다. 캄보디아 인력거인 씨클로를 타고 가며 보는 고풍스러운 건물은 프놈펜을 유럽의 어느 도시로 착각하게 만든다. 씨클로는 사람이 페달을 밟기에 아주 천천히 간다. 힘겹게 페달을 밟는 모습이 힘들어 보이지만 씨클로 아저씨는 미소를 잃지 않는다. 프랑스식 건물들이 늘어서 있는 이 길은 천천히 페달을 밟는 씨클로 아저씨와 여유와 낭만을 닮았다. 어린 시절 형이 끌던 리어카를 타고 동네를 돌던 기억이 있다. 그땐 리어카가 승용차였다. 프놈펜에서 씨클로는 점점 사라지고 추억이 되어 가고 있다. 왓프놈까지의 짧은 씨클로 여행에서 나는 기꺼이 팁을 더해서 드렸다. 아저씨의 미소가 나의 지갑

TOTAL
LUBRICANTS

을 더 열게 했다.

왓프놈은 산에 있는 사원이라는 뜻이다. 산의 높이가 27m밖에 안 되니 언덕이라는 표현이 어울린다. 1373년에 지어졌으니 무척 오래된 사원이다. 왓프놈 주변은 공원으로 꾸며져 있어 프놈펜 시내에서 숲의 분위기를 느낄 수 있는 유일한 곳이다. 차량의 소음, 매연은 프놈펜에 사는 사람들의 일상을 피곤하게 한다. 왓프놈을 끼고는 원형의 도로다. 원형의 도로는 빨리 달릴 수가 없다. 좌우는 돌아보지도 않고 내 고집만으로 앞만 보고 살았던 시간들, 직선만 알고 살았던 나에게 원형의 도로가 앞으로는 좌우도 살피며 천천히 가라고 훈계하는 듯하다.

한낮의 더위에 프놈펜 시내를 다니는 것은 쉽지 않다. 낮에 돈레메콩강 리버프론트에 늘어선 카페에 앉아 쉬다 보면 밤에 그렇게 많던 사람이 어디 갔나 싶을 정도로 사람이 없다. 왕궁 근처에서는 여기저기 바쁘게 다니기보다는 강변에 길게 늘어선 노천카페에서 스파게티, 피자와 맥주, 음료를 즐기며 긴 점심시간을 보내기 좋다. 시원한 강바람을 맞으며 돈레메콩강을 눈에 담는다면 한낮의 더위도 금방 잊는다. 가격도 비싸지 않아 좀 과하게 시키는 호사도 괜찮다. 걷다가 힘들면 시원한 카페를 찾아 커피 한잔하며 편하게 쉬는 것이 참여행이다. 한낮에 보이지 않는 사람들은 강변 어디 카페에 들어가서 참여행을 즐기는 중이다.

●●● 아침 햇살을 받고 있는 왓프놈 사원

오후 네다섯 시쯤 되면 왕궁 앞은 다시 사람들로 붐빈다. 더위를 피해 있던 사람들이 일제히 강변으로 쏟아져 나온다. 나이트마켓은 그 시간에 맞춰 문을 연다. 오후 5시에 열고 밤 11시에 문을 닫는다. 나이트마켓은 사는 것보다 구경이 더 재밌다. 누가 주인이고 누가 손님인지 모른다. 서로 웃으며 흥정하는 모습도 정겹다. 천막 뒤쪽에는 먹거리 장터가 서는데 다양한 캄보디아 음식을 판다. 길바닥에 좌판을 깔고 먹으니 외국인이 접하기 힘든 음식도 이곳에선 선뜻 손이 간다. 분위기 때문이다. 역시 시장에는 먹는 게 있어야 한다.

프놈펜의 밤은 화려하다. 특히 프놈펜 왕궁 앞 강변을 끼고 길게 늘어선 카페나 식당은 화려한 조명 아래 매일 밤 다시 태어난다. 그곳을 걸을 때 누구도 그냥 지나치기 쉽지 않다. 노천카페에서 많은 외국인들이 시원한 맥주를 마시는 모습을 보면 내 발걸음도 당연히 그쪽으로 향한다. 이국의 정취가 물씬 풍긴다. 그리고 사랑하는 사람, 그리운 사람이 생각난다. 그래서 나는 이곳에 오면 괜히 아내, 두 딸에게 영상통화를 한다. 그만큼 혼자서 즐기기에 아까운 곳이다.

프놈펜 여행은 이곳에서만 즐겨도 며칠이 행복하다. 어디서 왔는지, 무슨 일을 하는지, 나이가 많은지 적은지 그런 건 중요하지 않다. 모두들 낭만과 꿈을 이야기하면 된다. 음악 소리에 맞춰 신나게 춤을 추는 젊은이들의 모습, 화려한 네온을 받은 강물도 함께 춤을 춘다.

왕궁과 조금 떨어져 위쪽에 있는 작은 섬인 꺼삑섬도 밤이면 화려하게 다시 태어난다. 이 섬은 강폭이 좁아 언뜻 보면 육지로 보인다. 라오스에서 흘러내려 온 메콩강의 한 줄기는 이 섬을 끼고 바삭강으로 흐른다. 연인들이 많이 찾는 이 섬은 최근 중국 자본의 개발 붐이 일어 현대식 고층 빌딩이 강변을 따라 길게 들어서고 있다. 강변을 따라 길게 이어진 산책로에는 매일 밤 많은 청춘 남녀들이 그들만의 이야기를 만들고 있다. 캄보디아 사람들은 이곳을 프놈펜의 홍콩이라고 부른다.

왕궁 앞 선착장에서 일몰크루즈 배를 타고 나간 적이 있다. 석양의 붉은 노을에 취해 돌아오며 만난 화려한 불빛의 프놈펜 시내는 마치 시가지 전체가 산등성이에 불이 타오르듯 밤하늘을 밝히고 있었다.

●●● 돈레메콩강에서 바라본 프놈펜 야경

킬링필드의 아픔을 딛고 다시 일어선 캄보디아

프놈펜에 낭만만 있는 건 아니다. 아픈 역사도 있다. 킬링필드. 1975년 집권한 폴포트 정권은 잔인한 살육을 자행한다. 안경을 끼고 있다는 이유로, 손에 굳은살이 없다는 이유만으로도 지식인으로 분류되어 죽임을 당했다. 이렇게 죽임을 당한 사람이 적게는 150만 명, 많게는 200만 명에 달한다. 킬링필드의 흔적은 캄보디아 전국 곳곳에 있다. 크고 작은 킬링필드가 삼천여 곳이라고 한다. 누군가는 캄보디아 여행에서 뚜얼슬랭 박물관이나 킬링필드 방문을 원치 않는다. 그만큼 잔인했던 현장을 보는 게 곤혹스럽다.

뚜얼슬랭 박물관은 대량학살 박물관이다. 원래는 고등학교였던 곳인데 1975년 크메르루즈가 정권을 잡고 S-21 교도소로 사용하였다. 이곳에는 당시의 수용시설과 고문 흔적이 그대로 남아 있다. 17,000명 이상이 수용되었으며 수감자 대부분은 이곳에서 17㎞ 떨어진 킬링필드로 옮겨져 처형되었다.

이곳을 처음 방문했을 때 내가 받은 충격은 무척 컸다. 오히려 상상이 안 가 두려움을 못 느낄 정도였다. 두 번째, 세 번째 방문에서 나는 그 당시의 현실을 냉철하게 볼 수 있었다. 하지만 지금도 여전히 이해 안 되는 것이 많다. 자살을 방지하기 위해 교실 복도에 설치했다는 쇠창살만 제거하면 오래된 학교의 모습이다. 인간의 잔인함을 더 이상 상상하고 싶지 않은 곳이 이곳이다.

이곳에 갇혀 있던 사람들 중 12명만이 생존했다고 한다. 두 눈을 가린 채 킬링필드로 끌려가던 그 길에서 느꼈을 공포는 어땠을까? 킬링필드가 있는 쩡아엑은 지명이며 원래 중국인들의 공동묘지였다. 프놈펜 시내에서 쩡아엑까지는 큰길을 벗어나 샛길로 접어들어 한참을 가야 한다. 샛길 주변은 민가도 없는 외진 곳이다. 가는 길에서 온몸에 전율이 느껴진다. 마치 크메르루즈군에 의해 끌려가는 기분이다.

킬링필드 입구에 들어서면 보이는 위령탑, 위령납 유리 장식 안은 5천 개가 넘는 인간 두개골로 채워져 있다. 잠시 눈을 감고 묵념하는 것은 두개골을 보는 것이 고통스럽기 때문이다. 야외는 당시의 생매장 현장을 그대로 두었다. 뼈가 드러나 있는 땅은 눈을 피하게 된다. '이건 인간이 한 짓이 아니야.' 서둘러 킬링필드를 빠져나왔다. 한참을 갔는데도 위령탑의 흐느끼는 소리가 들린다. 도

●●● 킬링필드의 흔적이 남아 있는 뚜얼슬랭 대량학살 박물관

심에 접어들어 소음에 모든 게 묻히고 어둠이 깔리자 킬링필드의 기억이 조금씩 가시기 시작한다.

캄보디아는 국민의 90% 이상이 불교를 믿는 불교 국가다. 그래서 원망보다는 자비를 우선한다. 지금 캄보디아에서 킬링필드를 얘기하는 사람은 없다. 다시 들춰내기에는 너무나 아픈 역사이기도 하지만 포용하는 맘씨가 더 크기 때문이다. 위대한 캄보디아 불교의 힘이다.

••• 캄보디아의 아픈 역사, 쩡아엑 킬링필드

프놈펜 시내 밤길에 화려한 조명 아래 빛나는 독립기념탑. 캄보디아는 1953년 프랑스보호국으로부터 독립하였다. 이 탑은 캄보디아 독립을 기념하기 위해 1958년에 세워졌다. 앙코르와트의 중앙성소탑을 본떠 5개 층으로 높게 만들어진 이 독립기념탑은 매일 밤 캄보디아의 염원을 담고 화려한 불빛으로 빛난다.

이곳은 공원으로 꾸며져 아침저녁으로 많은 사람들이 나와 산책한다. 캄보디아의 심장부다. 이곳 길가에 북한대사관이 있다. 지금이야 인공기가 아무렇지 않게 보이지만 서슬 퍼런 시절에 인공기는 애써 외면해야 하는 깃발이었다. 인적 없는 대사관 안에 축 늘어진 인공기가 북한의 현 실상을 대변해 주는 듯하다.

독립기념탑을 가까이 두고 휘황찬란한 불빛을 쏟아 내는 것은 나가월드카지노의 불빛이다. 프놈펜의 카지노는 누구나 드나들 수 있다. 캄보디아 정부는 카지노를 돈벌이 수단으로 생각하고 마구 허가를 내주고 있다. 나가 호텔과 카지노도 중국 자본이다. 독립기념탑의 화려한 불빛은 나가호텔카지노의 화려한 네온에 비하면 보잘것없다. 독립은 되었으나 자본의 독립은 요원한 것이 캄보디아의 현실이다.

그래도 캄보디아 사람들의 일상에는 활기가 넘친다. 그들의 일상을 눈으로 보고 싶다면 시장에 가면 된다. 프놈펜의 재래시장엔 옛 정취가 그대로 남아 있다. 시장 건물의 아름다움으로 보면 당연히 트마이 시장이다. 흔히 중앙시장(Central Market)이라고 말한다.

●●● 캄보디아의 염원을 담고 빛나는 독립기념탑

1937년에 지어진 아르데코 양식의 건물이다. 네 개의 날개와 높은 천장의 거대한 돔이 특색이다. 이곳의 돔은 기둥이 없는 돔으로는 세계에서 가장 크다. 트마이 시장은 농수산물에서부터 관광 상품까지 없는 게 없을 정도로 다양한 상품을 갖추고 있다. 4곳의 날개가 똑같고 시장이 빈틈없이 채워져 있어 한번 발을 들여놓고 구경하다 보면 엉뚱한 곳으로 나오기 쉽다.

외국인들이 많이 가는 프놈펜의 또 다른 시장은 뚤똠봉 시장이다. 1980년대 러시아 주재원들이 많이 방문했기에 러시아 마켓이라고도 부른다. 재래식 건물의 시장이지만 그 안에는 실크스카프, 다양한 골동품 등 신기한 물건이 많아 눈요기하기에도 좋다. 시장 안은 폭이 좁아 다니기 불편하지만 그만큼 물건과 가까이 마주할 수 있다. 저녁 시간에는 시장 공터 앞마당이 거대한 먹거리 장터로 변한다. 가격도 저렴하여 내가 이 근처에 살 때는 뚤똠봉 시장 노천식당에서 저녁을 해결하곤 했다.

재래시장에서 볼 수 있는 캄보디아의 일상은 활력이 넘치지만 생활 속으로 깊숙이 들어가 보면 고단한 삶의 흔적을 여기저기서 찾아볼 수 있다. 프놈펜은 급속한 도시화로 빈부의 격차는 심해지고 가난한 사람들이 사는 뒷골목은 쓰레기 천지다. 시내 곳곳에 흐르는 지류의 강물도 오염되어 시커멓다. 돈레메콩강에서 보는 야경의 모습과는 사뭇 다르다.

왕궁 앞에서 보이는 강 건너 최고급 쏘카 호텔, 그 아래 강가에

●●● 활기가 넘치는 뚤똠봉 시장과 트마이 시장

도 다른 세상이 있다. 나무 기둥 위에 얼기설기 지붕을 얹히고 지은 집, 맨발의 아이들, 구걸하는 노인들. 화려한 프놈펜의 밤은 이곳에는 없다. 여행이라는 것이 눈에 보기 좋은 것만 보는 것은 아니지만 프놈펜의 이런 두 얼굴을 보면 생각이 많아지는 것도 사실이다. 아시아의 진주라는 프놈펜도 이젠 앞으로만 달리지 말고 좌우도 살피며 달려야 하는 시점에 왔다.

★Tip★

프놈펜 여행 정보

Sightseeing

■ 로얄 팰리스(왕궁)

캄보디아 왕궁은 건물의 복합체를 말한다. 1863년 프랑스와 조약을 체결한 후 노로돔 국왕(재위 기간 1860~1904)은 수도를 우동(프놈펜 서쪽 45㎞ 떨어진 지역)에서 프놈펜으로 옮긴다. 1866년에 지었는데 새 국왕이 즉위하며 개축하고, 새로운 건물이 들어서면서 현재의 모습이 되었다. 왕궁 안에는 왕궁 홀, 실버 파고다, 파빌리온, 라이브러리, 조상을 모신 탑 등이 있는데 여러 건물 중에서도 대관식이나 중요 행사가 열리는 Tineang Tevea Vinichhay(왕궁 홀)가 가장 화려하고 웅장하다. 원래는 나무로 만들었다가 1917년 현재와 같은 모습으로 다시 만들었다. 30×60m 크기이며 59m 높이의 첨탑이 있다. 왕이 거주하는 곳은 Prasat Khemarin으로 뒤쪽에 이어져 있으며 출입이 금지되어 있다.

- 개방 시간 07:30~11:00, 14:00~17:00 (매일)
- 입장료 10달러

■ 실버파고다

왕궁 내 전용 사원이다. 1892년에 시작하여 4년에 걸쳐 지었는데 나무와 벽돌로 지었다가 1962년에 지금의 모습으로 다시 지었다. 바닥에 5,329개의 순은 타일이 깔려 있어 서양인들이 실버파고다라고 부른 데서 명칭이 유래되었다. 정식 명칭은 Temple of the emerald budda이며 사원 안의 주요 불상이 Keo Morakot라는 에메랄드로 장식되어 있다. 그 외에도 사원 안에는 많은 장식품이 있다. 웅장하면서도 화려한 외관은 빼어난 예술성을 보여 준다. 왕궁 입장료로 왕궁 안의 모든 건축물을 다 둘러볼 수 있다.

■ 독립기념탑

캄보디아 독립(1953)을 기념하기 위해 1958년에 세워졌다. 높이는 20m. 노로돔 대로와 시아누크대로 교차점에 세워져 있다. 앙코르와트의 중앙성전탑을 본떠서 만들었다. 100개의 나가(힌두 신화에 나오는 뱀의 신)로 5개 층으로 되어 있다. 밤에는 캄보디아 국기의 3색을 따라 파란색, 빨간색, 흰색의 조명으로 빛난다. 독립기념일인 11월 9일 이곳에서 행사를 한다. 이곳에서부터 돈레메콩강 쪽으로 길게 공원이 조성되어 있다.

■ 왓프놈 사원

시내 북동쪽 27m의 산 위에 세워진 사원이다. 1373년에 지어졌는데, 전설에 의하면 메콩강물이 범람하여 떠밀려 온 불상을 펜(Penh)이라는 여인이 이곳에 사원을 지어 모셨다고 한다. 프놈펜이라는 지명도 부인의 이름인 펜, 그리고 산의 캄보디아 말인 프놈에서 따온 것이다. 1926에 지금의 모습으로 재건축되었다. 왓프놈은 프놈펜에서 신성한 곳으로 여겨 수험생이나 사업 성공을 기원하기 위해 많은 사람들이 찾는 곳이다. 주변은 공원으로 꾸며져 있어 산책하기에도 좋다.

■ 프놈펜 국립박물관

1920년에 지어졌다. 왕궁 바로 옆에 위치하고 있다. 크메르 건축미를 살린 적색의 건물 안에는 앙코르 제국의 유물은 물론 이전 시대인 첸라 시대의 유적을 포함 14,000점 이상의 유물이 전시되어 있다. 앙코르 중요 유적 중 일부는 도난, 파손 등을 우려해 이곳으로 옮겨져 있고 그 자리에는 복제품이 놓여 있다. 한국어 오디오를 들으며 관람하면 아주 유익하다.

- 개방 시간 08:00~17:00 (매일)
- 입장료 10달러 (한국어 오디오 가이드 5달러 추가)

■ 왓우나롬

1422년에 지어진 사원이다. 왓우나롬 사원은 캄보디아 불교의 본산이다. 캄보디아 큰 스님이 있는 곳이기도 하다. 크메르루즈 시대에 많이 파괴되었으나 거의 다 복원하였다. 사원 안에는 45개의 크고 작은 건물이 있다. 왕궁에서 왼쪽으로 250m, 돈레메콩강을 앞에 두고 있다. 캄보디아의 모든 사원은 입장료를 받지 않는다.

■ 뚜얼슬랭 박물관(대량학살 박물관)

원래는 뚜얼슬랭 고등학교였다. 1975년 크메르루즈가 정권을 잡고 S-21 교도소로 사용하였다. 당시의 수용 시설과 고문 흔적을 그대로 보여 주고 있다. 17,000명 이상이 수용되었으며 수감자 대부분은 킬링필드로 옮겨져 처형되었다.

- 개방 시간 08:00~17:00 (매일)
- 입장료 성인 5달러, 10~18세 3달러 (한국어 오디오 가이드 3달러 추가)

■ 쩡아엑 킬링필드

프놈펜 시내로부터 17㎞ 떨어져 있다. 원래 이곳은 과수원과 중국인들의 묘지로 쓰이던 장소였다. 크메르루즈 시대에 수많은 사람들이 이곳에서 처형되었다. 대부분 뚜얼슬랭 교도소(지금의 뚜얼스랭 박물관)에서 온 수감자들이었다. 129개의 무덤 중 43개 무덤이 아직도 그대로 남아 있어 뼈와 옷 조각이 구덩이에 흩어져 있다. 입구에 들어서면 불탑으로 장식된 위령탑이 있고 유리 장식 안에는 5천 개가 넘는 두개골이 채워져 있다.

- 개방 시간 08:00~17:30 (매일)
- 입장료 6달러 (한국어 오디오 가이드 포함)

■ 트마이 시장

중앙시장(Central Market)이라고도 부른다. 1937년에 지어진 아르데코 양식의 건물이다. 네 개의 날개와 높은 천장의 거대한 돔이 아름답다. 네 개의 날개는 프놈펜으로 모이는 4개의 강을 의미한다. 이곳의 돔은 기둥이 없는 돔으로는 세계에서 가장 크다. 농수산물에서부터 식료품, 의류, 골동품, 수공예품 등 없는 게 없을 정도로 다양한 상품이 있다.

■ 뚤똠봉 시장

1980년대 러시아 주재원들이 많이 방문했기에 러시아마켓이라고도 부른다. 기념품, 실크 스카프, 다양한 골동품 등을 판다. 시장 안에는 먹거리도 있으며 저녁 시간에는 공터 앞마당에 큰 노천식당이 펼쳐진다.

■ 나이트마켓

낮에는 공터였다가 저녁 5시부터 야시장이 열린다. 뒤쪽은 먹거리 장터가 열려 다양한 캄보디아 길거리 음식을 맛볼 수 있다. 왓프놈 가기 전 올드마켓 앞에 있다.

■ 리버프론트(river front)

왕궁에서 street 104의 강변을 말한다. 카페와 레스토랑과, 호텔, 기념품 가게, 스파, 여행사 등이 줄지어 있다. 강가의 카페에서 휴식을 취하며 강을 바라보거나 지나가는 사람을 구경하는 것만으로도 즐겁다. 이곳은 저녁에는 많은 외국인이 찾는 곳으로 이국적인 풍경을 연출하며 화려한 밤거리로 변한다.

■ street 178

국립박물관과 왕립예술대학교 앞의 거리. 아트갤러리와 그림, 수공예품, 실크 제품을 파는 상점들이 늘어서 있다. 강변 쪽으로 걸으면 카페와 레스토랑이 늘어서 있는 river front와 만난다. 왕궁 방향으로 두 블록 위는 street 240으로 고급 부티크와 기념품 가게가 많다.

■ 꺼삑섬

왕궁에서 걸어서 가는 거리에 있는 섬이다. 강폭이 좁고 다리가 놓여 있어 얼핏 보면 섬으로 보이지 않는다. 꺼삑섬을 끼고 메콩강의 한 줄기는 바삭강으로 흐른다. 밤에는 화려한 네온의 섬으로 변하고 젊은이들로 넘쳐난다. 강변을 따라 길게 산책로가 조성되어 있고 레스토랑과 카페가 늘어서 있다. 흔히 이곳을 프놈펜의 홍콩이라고 부른다.

■ 자유 여행

프놈펜은 큰 도시다. 앱(app)으로 택시, 툭툭(오토바이를 개조한 삼륜 오토바이)을 부르면 어디든 갈 수 있다. 목적지만 정확하면 스스로 여행 계획을 짜서 움직여도 된다. 택시 중에는 간혹 미터기나 영수증이 없어 바가지를 쓰는 경우도 있다. 프놈펜은 오후 4시부터는 퇴근 차량이 늘어 도로가 많이 막히므로 스케줄은 되도록 일찍 시작하고 일찍 마치는 게 좋다. 툭툭이나 택시 앱에는 'passapp', 'wegoapp', 'grabapp'이 있다.

■ 투어 버스

시내 투어버스가 한 시간 간격으로 주요 관광지를 운행한다. 15달러(홈페이지 http://phnompehnhoponhopoff.com).

뚜얼슬랭박물관과 킬링필드까지 매일 2회 운행하는 버스도 있다(홈페이지 www.bustourkillingfields.com).

■ 유람선

왕궁에서 아래쪽으로 유람선 선착장이 여러 곳 있다. 행선지와 거리별 가격이 다르다. 일몰 크루즈도 있다. 15~25달러 정도 하며 프놈펜 야경이나 돈레메콩강을 따라 좀 먼 곳까지 갔다 올 수 있다.

캄보크루즈 www.cambocruise.com

타라보트 www.taraboat.com

포체아메콩 www.phoceamekong.com

House

■ 숙소 예약

프놈펜에는 싼 가격의 게스트하우스에서 비싼 호텔까지 다양하다. 예약 사이트를 통해 미리 예약하는 것이 좋다. 왕궁 주변에 있는 게스트하우스는 시설이 낡았지만 강변과 가까워 좋다. 가격은 비싸지 않아 일박에 12~15달러. 프놈펜은 원하는 금액에 맞춰 폭넓게 숙소를 찾을 수 있다. 숙소 예약 사이트는 다음과 같다.

부킹닷컴 www.booking.com

트립어드바이저 www.tripadvisor.com

아고다 www.agoda.com

호텔스컴바인 www.hotelscombined.co.kr

■ 크메르 음식과 퓨전 음식

왕궁에서 왓프놈 방향으로 강변을 따라 길게 이어진 리버프론트파크 지역에는 펍과 레스토랑이 많다. 크메르 음식은 물론 인도, 멕시칸 요리와 퓨전 음식도 많다. 가격도 비싸지 않다. 이곳은 밤이 되면 외국인들로 넘쳐난다. 이곳 야외 테이블에 앉아 강변을 바라보며 프놈펜의 밤을 즐길 수 있다. 저렴한 크메르 음식이나 서양 음식의 레스토랑이 많은 곳은 street 278, 벙껭꽁 지역이다.

■ 한국 음식

프놈펜에 한국 식당은 무척 많다. 인터넷 검색을 통해서도 쉽게 찾을 수 있다. 최고집, 자루, 식객 등 잘 알려진 식당은 한국 관광객들이 많이 찾는 곳이다. 김치찌개가 7~8달러. 대장금, 수라, 더화로 등과 같은 고급 한국 식당도 많은데 가격이 꽤 비싸다. 프놈펜의 한국 식당은 주인이 한국 사람으로 맛은 한국에서 먹던 맛과 같다.

■ coffee shop

스타벅스, 브라운커피, 아마존 등 대형 커피숍이 곳곳에 있다. 규모도 크고 인테리어도 잘되어 있어 편안하게 쉴 수 있다.

Transportation

■ 비행기

인천공항~프놈펜은 5시간 걸린다. 대한항공과 아시아나항공이 있다. 프놈펜 공항에서 시내는 10㎞로 비교적 가깝다.

■ 버스

프놈펜에는 전국 어디나 가는 버스가 매일 있다. 인터넷으로 예약이 가능하며 인터넷 결제는 한국 카드로도 가능하다. 캄보디아에서 가장 큰 버스회사는 phnom penh sorya다(홈페이지 https://ppsoryatransport.com.kh/).

그 외에도 bayon vip, mekong express, virak buntham, capitol bus 등 많다. 대개 15인승 밴으로 운행하며 버스도 있다(통합버스인터넷 예약 사이트 www.bookmebus.com).

* 방콕, 호치민 가는 버스도 많다.

2부

화려했던 앙코르 제국, 시엠립

걸으면서도 눈을 뗄 수가 없다
양쪽의 무너진 건물터에서도
섬세한 조각의 흔적은 그대로다
건축물이나 조각 자체가 이곳이
앙코르 예술의 최고라 말하고 있다

앙코르 유적은
어떻게 만들어졌나

시엠립 외곽에는 200개가 넘는 앙코르(Angkor) 유적 사원이 400㎢에 걸쳐 퍼져 있다. 앙코르 시대가 시작된 802년부터 태국 아유타야 왕국에 밀려 수도를 프놈펜으로 옮긴 1431년까지를 앙코르 제국 시대라고 말한다. 이 기간 동안 28명의 왕이 있었다. 앙코르 시대를 연 자야바르만 2세(802~834), 앙코르와트를 지은 수리야바르만 2세(1113~1150), 앙코르톰을 건설하고 가장 강성한 앙코르 제국을 만들었던 자야바르만 7세(1181~1215) 등.

시엠립은 돈레삽과 가깝고 시엠립강을 끼고 있다. 그리고 크메르족이 성지로 여기는 프놈쿨렌산이 있다. 앙코르 시대를 연 자야바르만 2세는 수도를 시엠립에 세우고 시엠립의 앙코르 제국은 그 후 6백여 년간 이어진다(이전 시대인 첸라의 수도는 껌뽕톰주 썸보쁘레이쿡. 시엠립에서 150㎞ 떨어져 있다). 힌두교는 앙코르 제국 시대에도 계속된다. 대부분의 앙코르 유적 사원에는 힌두교의 3대 신인 쉬바, 브라흐마, 비쉬누를 비롯하여 많은 신이 등장한다.

그러다 대승불교를 믿는 수리야바르만 1세(1002~1050)가 즉위하며 불교를 받아들인다. 불교가 크게 융성한 것은 자야바르만 7세가 즉위하면서다. 철저한 불교신자였던 그는 앙코르톰 중앙에 불교 사원인 바이욘 사원을 세우고 그 안에 54개의 탑과 200개가 넘는 관음보살상을 만들었다. 자신을 백성들에게 자비를 베푸는 부처라고 생각하며 많은 불교 사원을 짓고 입구 사면에는 어김없이 관음보살상을 세웠다. 그러나 뒤이어 즉위한 왕부터는 다시 힌두신을 신봉되며 불교 사원이 파괴된다. 이때부터 사원은 불교와 힌두교가 혼합된 형태로 나타난다. 앙코르와트는 수리야바르만 2세(1113~1150) 때 지어진 힌두교 사원인데 그 안에 힌두신상과 불상이 같이 공존하는 것이 대표적인 예다.

앙코르 유적은 처음부터 계획적으로 크게 만들어진 것은 아니다. 새롭게 왕이 바뀔 때마다 권력을 과시하고 자신을 신과 동일한 존재로 알리기 위해 사원을 지었다. 사원 인근에 더 크고 화려한 사원을 짓기도 하고 기존 사원을 증개축하기도 했다. 앙코르와트 회랑의 부조는 수리야바르만 2세 사후에 새겨진 것도 있으며, 왕궁 안의 사원인 피미엔나까스는 초기 건설된 것을 후대 왕이 개축한 것이다. 앙코르톰 또한 야소바르만 1세 재위 시절(889~910)에 앙코르와트 맞은편의 프놈바켕 사원을 중심으로 만들어진 도시를 자야바르만 7세가 새로운 계획도시로 확장 건설한 것이다.

앙코르 초기에는 왕의 권력을 강화하기 위해 새로운 곳으로 수도를 옮기기도 하는데 이것이 앙코르 유적이 광범위하게 펼쳐진 원인이기도 하다.

앙코르 유적은 오랫동안 밀림에 묻혀 있었다. 앙코르 유적이 본격적으로 발굴되기 시작한 것은 캄보디아가 프랑스보호국(1863~1953)이 되면서부터다. 프랑스 탐험가와 수도사들이 그전에 앙코르 유적을 방문했다는 기록이 있긴 하지만 프랑스 생물학자였던 앙리 무오가 4차례 탐험했던 기록이 그의 사후 한 잡지에 실리면서 앙코르 유적은 세상 밖으로 나오게 된다.

앙코르 유적을 감상하기 전 이런 역사적 배경을 이해하면 앙코르 유적이 담고 있는 수많은 이야기가 들린다. 앙코르 유적은 넓게 퍼져 있고 유적의 규모도 상당히 크기에 방문할 때는 며칠간의 일정으로, 어디를 먼저 가 볼 것인가에 대한 계획을 미리 짜 놓는 것이 좋다.

신이 만든 건축물,
앙코르와트

앙코르(អង្គរ)는 수도·도시를, 왓(វត្ត)은 사원을 뜻한다. 수리야바르만 2세가 30년에 걸쳐 만들었다는 앙코르와트 사원. 하지만 앙코르와트는 신이 만들었다고 말한다. 그만큼 불가사의한 건축물이다. 무력으로 왕위를 찬탈하고 등극한 수리야바르만 2세는 절대 권력의 군주로서 자신을 신으로 여기며 사원을 새로 건축하기로 한다. 앙코르와트를 짓기 위해 20만 명의 인력이 동원되었고 그중 상당수는 전쟁 포로였다. 앙코르와트 사원은 60만 개의 돌로 만들어졌으며 그 돌은 45㎞ 떨어진 프놈쿨렌산에서 가져왔다. 강을 따라 운반하고 코끼리를 동원했다. 기둥이 총 1,532개인데, 기둥 한 개가 7톤의 무게인 것도 있다.[1]

첫눈에 탄성이 절로 나오는 아름다운 이 건축물은 중앙성소며, 탑이며, 회랑이며, 벽면 부조 그리고 주변을 둘러싸고 있는 200m

폭의 해자까지도 이유 없이 만들어진 것은 하나도 없다. 그래서 앙코르와트는 한두 번 보는 것으로는 다 알 수가 없다. 그 안에는 무수히 많은 이야기가 있다. 어떤 것은 신의 이야기고, 어떤 것은 수리야바르만 2세 왕 자신의 이야기고, 어떤 것은 크메르족 삶의 이야기다.

앙코르와트 사원에 가까이 가면 제일 먼저 보이는 것이 해자다. 길이 1.3㎞×1.5㎞, 폭 200m의 해자가 앙코르와트를 사면으로 감싸고 있으니 신비롭다. 마치 사원이 큰 호수 한가운데에 떠 있는 것 같다. 해자는 적의 침입을 막기 위해 사원이나 성 외곽을 둘러 파서 못으로 만든 것이다. 하지만 앙코르와트의 해자는 신의 세계와 인간의 세계를 구분하는 경계선의 의미가 더 강하다. 앙코르와트가 앙코르 유적 중 유일하게 서쪽이 입구인 것이 이를 말해 준다. 즉, 해자를 건너면 신의 세계인 것이다.

앙코르와트 해자에는 고도의 건축공학이 숨어 있다. 우기와 건기가 뚜렷한 캄보디아 날씨로 인해 건기에 땅이 갈라지며 건축물이 무너지는 것을 방지하기 위해서 해자가 완충 역할을 하는 것이다. 해자 200m 물길 위를 걸으며 신의 세계로 들어가다 보면 앙코르와트의 신비가 절로 느껴진다. 해자를 건너 만나는 세 개의 탑문 중 중앙은 신이나 왕이 들어가는 문이며 그 옆은 신하들의 문이다. 탑문 앞의 나가(힌두 신화에 나오는 뱀의 신)상이 왕도 아니면서 왜 이 문으로 들어가느냐며 인간의 출입을 막는 듯하다.

신의 세계로 들어가는 앙코르와트 해자

탑문을 지나면 화려하고 장엄한 앙코르와트가 눈앞에 펼쳐진다. 사원 입구까지 잘 정돈된 도로는 왕이 걸었다는 길로, 길이가 무려 325m다. 나가의 몸통이 좌우의 난간이 되어 왕을 호위하며 도열해 있다. 왕의 길을 걸으니 바다의 물길이 열리듯 신비의 세계가 열린다.

넓은 광장 양쪽에 있는 라이브러리. 이곳은 왕실 자료를 보관했던 곳으로 앙코르 유적의 라이브러리 중 가장 큰 규모를 자랑한다. 그 안에 보관되었던 수많은 서적, 자료들은 다 어디로 갔는가? 앙코르 제국의 역사는 글로써 알려진 게 거의 없다. 텅 빈 라이브러리가 그래서 더 안타깝다.

앙코르 유적 사원에 빠짐없이 등장하는 연못, 앙코르와트 사원과 입구 좌우의 연못은 아주 조화롭게 배치되어 있다. 건축이 아무리 훌륭해도 인공으로는 완벽할 수 없기에 자연의 연못으로 마침표를 찍은 것이다. 이곳은 매일 아침 중앙성전탑 너머로 떠오르는 일출을 보기 위해 많은 사람들이 기다리는 곳이다.

앙코르와트는 외곽에서 전체를 조망하면 한눈에 구도를 파악할 수 있다. 사원 외곽을 걷는 길은 호젓해서 산책하는 느낌이다. 걸으며 사면에서 바라보는 앙코르와트는 보는 각도에 따라 다른 모습이다. 회랑 옆에 외롭게 서 있는 트나옷 나무는 앙코르와트 사원의 역사를 알고 있다는 듯 도도하다. 1층 회랑 4면의 길이가 총 815m이니 외곽으로는 천 미터 정도 된다.[2)]

연못에서 바라본 앙코르와트 사원

1층 회랑의 벽면을 가득 채운 부조는 살아 움직이는 듯하다. 수리야바르만 2세가 꿈꾸던 세계를 그린 대서사시가 끝없이 이어진다. 왕의 행진 장면에서는 절대군주의 위용이 그대로 드러난다. 속국의 왕은 남루하고 보잘것없이 그려져 있다. 왕의 행진 장면만 약 100m에 이른다. 천국과 지옥의 벽면 부조에는 신이 된 왕이 상좌에 앉아 인간을 심판하고 있는 장면이 담겨 있다. 앙코르톰의 남문 해자 다리 난간, 바수키(뱀신)를 잡고 줄다리기를 하는 악신과 선신의 모습은 앙코르와트 1층 회랑의 부조, 힌두 신화 우유바다 젓기에서 나온 것이다. 부조가 어찌나 섬세한지 눈길을 뗄 수가 없다.

주변국을 평정하며 영토를 넓힌 수리야바르만 2세는 우주의 중심이 되고 싶었다. 1층 회랑을 지나 십자 회랑의 중간은 네 개의 대양을 상징하여 천장에는 네 개의 돌이 정확히 만나 돔을 형성하고 있다. 무심히 보면 그냥 돌이건만 그 안에 큰 뜻이 숨어 있다. 이곳은 앙코르와트의 정중앙이다. 그 옆에 부처갤러리가 있다. 힌두교 사원인 앙코르와트 사원은 앙코르 제국 멸망 후 태국이 점령했던 시절에 불교 사원이 된다. 이곳에 진열된 불상도 후에 옮겨 온 것이다.

부처 갤러리 맞은편에는 울림의 방이 있다. 그곳에서 가슴을 치면 쿵쿵하고 소리가 울린다. 울림의 방에서 수리야바르만 2세에게 물었다. "이곳이 힌두교 성전입니까? 불교 성전입니까?" 하지만 어떤 대답도 들리지 않는다.

앙코르와트 사원은 3개 층으로 구성되어 있다. 십자 회랑을 지나 계단을 오르면 2층 회랑이다. 2층 회랑의 벽면에는 1,500명이 넘는 압사라 여신이 춤을 추고 있다. 복원한 압사라는 색상이 다르다. 퇴색되었지만 옛것 그대로가 훨씬 아름답다. 2층 회랑은 1층 회랑에 비해 좁고 창문이 없어 어둡다. 회랑 밖에서 보면 창문인데 가짜인 것도 있다. 이런 창문은 아름다움을 표현하면서 건축물을 지탱하기 위한 기둥의 역할도 한다. 앙코르와트 사원보다 70년 뒤에 지어진 앙코르톰의 바이욘 사원은 많이 무너진 데 비해 앙

2층 회랑 외벽의 압사라여신과 1층 회랑의 우유바다 젓기 부조

코르와트가 원형 그대로인 것은 기적에 가깝다. 앙코르와트에는 가짜 창문과 같이 돌 하나하나마다 과학적으로 설계한 기술이 곳곳에 숨어 있다.

인도 신화에서 세계 중심에 있다는 상상의 산 메루산을 본떠 만든 3층 그 한가운데 중앙성전탑이 자리 잡고 있다. 금을 입혀 화려하게 장식했다는 중앙성전탑, 그곳은 수리야바르만 2세가 죽어 영원히 묻히고 싶은 곳이었다. 그만이 올라갈 수 있었던 중앙성전탑을 지금은 관광객들이 차지하고 있다. 3층은 고개를 높이 쳐들고 봐야 보인다. 우러러봐야 하는 그곳 3층 중앙성소를 오르려면 계단이 가팔라 네발로 기다시피 올라가야 한다. 인간의 접근을 허용하지 않았던 곳, 그곳은 신의 세계였다.

중앙성소는 60m 길이 정사각형의 회랑으로 되어 있고 그 가운데 중앙성전탑이 자리 잡고 있다. 수리야바르만 2세가 진정으로 원했던 것은 무엇인가? 3층에서 보면 저 멀리 왕의 길을 걸어 들어오는 수많은 사람들이 보인다. 모두 중앙성전탑의 수리야바르만 2세를 만나러 오는 것이다. 앙코르와트 사원에서 가장 화려한 탑 중앙성전탑, 프놈펜의 독립기념탑은 이 중앙성전탑을 본떠서 만든 것이다. 네 개의 모서리탑과 회랑이 연결된 부분의 프론톤 양식과 5개 탑의 맨 위에 피어나는 연꽃 봉오리는 수리야바르만 2세가 그렇게 바라던 신의 세계를 향해 하늘로 솟아 있다.

지금 이곳에는 힌두 신화는 있지만 힌두 신상은 없다. 중앙성전탑 안에는 불상이 안치되어 있다. 불상이 왜 그곳에 있는지, 수리야바르만 2세의 모습은 어디에 있는지 아는 사람은 아무도 없다. 아름다우면서도 신비로운 사원이 앙코르와트다. 앙코르와트를 나와 앙코르톰을 향해 툭툭을 타고 가며 앙코르와트를 힐끗힐끗 뒤돌아보는 것은 그만큼 많은 여운이 남기 때문이다.

●● 앙코르와트 사원에서 가장 화려한 중앙성소탑

앙코르 제국의 거대 도시, 앙코르톰

시엠립 앙코르 유적에서 앙코르와트와 함께 가장 유명한 곳이 앙코르톰이다. 앙코르톰은 자야바르만 7세(1181~1215) 시대에 조성된 도시를 말한다. 그 당시 앙코르톰을 중심으로 주변에 70만 명이 살았다니 어마어마하다(당시 송나라 수도 개봉은 80만, 고려 개성은 20만, 영국 런던, 프랑스 파리는 채 10만 명이 되지 않았다).

앙코르톰이 건설된 배경은 짬파국의 침략으로 일시적 지배를 받다가 나라를 되찾은 자야바르만 7세가 강한 나라를 만들 필요성을 느꼈기 때문이다. 기존의 도시를 재편하여 적의 침략으로부터 보호하기 위해 3.3㎞ 정사각형의 도성을 8m 높이의 성벽과 폭 100m의 해자로 감싸고 있는 계획도시로 만들었다. 물자 수송을 위해 도로도 새로 깔았다. 자신을 부처라고 믿었던 자야바르만 7세는 백성을 구제하기 위해 100개가 넘는 병원도 세웠다. 앙코르톰 도시의 생활 모습은 원나라 사신 주달관이 1296년 이곳에 와서 11개월간 체류하며 쓴『진랍풍토기』에 상세히 기록되어 있다.[1]

크다는 뜻의 캄보디아 말이 톰(ធំ)이다. 앙코르톰은 하나의 건물을 말하는 것이 아닌 도시를 지칭하는 말이다. 도시 한가운데에는 바이욘 사원이 자리 잡고 있으며 왕궁을 비롯하여 수많은 사원이 도성 안에 있었다. 성벽으로 둘러싸인 앙코르톰은 동서남북 4개의 문과 왕이 직접 나와 출정하는 군사들을 격려했던 코끼리 테라스 광장으로 나가는 승리의 문, 모두 5개의 문이 있다. 남문은 5개의 문 중 가장 잘 보존되어 있다. 남문 해자 다리 난간에는 악신과 선신이 줄다리기를 하고 있다. 우유바다 젓기 힌두 신화를 묘사한 것이다.

100m 해자를 건너면 자야바르만 7세 얼굴을 만난다. 4면상이 모두 자야바르만 7세의 얼굴이다. 영락없는 부처의 미소다. 언제나 봐도 미소 짓는 그의 얼굴, 지금은 남문이 앙코르톰을 지나는 관문이다.

바이욘 사원은 앙코르톰 도성의 정중앙에 위치하고 있다. 백성들이 살던 집이나 장터는 목재나 흙으로 지어진 까닭에 당시 수십만 명이 살았다는 흔적은 전혀 찾을 수 없다. 바이욘 사원은 사암으로 만들어졌다. 한 면이 150m에 이르는 거대한 바이욘 사원은 부처가 되기를 원했던 자야바르만 7세의 작품이다. 그는 자신을 백성에게 자비를 베푸는 존재로 봤다. 바이욘 사원은 20만 개가 넘

는 돌로 만들어졌으며 54개의 탑과 200개가 넘는 부처상이 있다.[3)] 캄보디아 사람들은 이 부처상을 "바이욘의 미소"라고 부른다.

사원 앞 연못 근처에는 많은 원숭이들이 관광객들의 발길을 붙잡는다. 원숭이 모습만은 옛 모습 그대로다. 바이욘 사원의 외부 회랑 벽면에는 짬파국을 물리치는 모습과 전투에서 승리한 자야바르만 7세가 행렬하는 모습, 앙코르 제국 역사상 가장 치열했던 전

투라고 칭하는 1177년 돈레삽 해전이 사실적으로 묘사되어 있다. 특이하게 벽면 한쪽에 중국 거리도 있는데 당시 원나라와 교류가 적지 않았음을 알 수 있다. 원나라 사신 주달관이 쓴『진랍풍토기』는 앙코르 역사를 기록한 유일한 책이다.

앙코르톰 도성의 정중앙에 위치한 바이욘 사원

바이욘 사원의 내외부 회랑은 거의 다 붕괴되었다. 앙코르와트 사원보다 뒤에 만들어졌는데도 붕괴가 더 심하다. 앙코르와트는 지하에 3겹의 지반을 다진 후 지은 판석 축조 형태인 데 반해 이 시기에 지어진 불교사원 대부분은 맨땅 위에 지은 블록 축조 형태이기에 진동에 약할 수밖에 없다.[4] 또한 그동안 수많은 사원을 짓기 위해 프놈쿨렌산의 좋은 석재를 다 썼기에 석재의 질이 떨어진 것도 한 원인이다. 프놈쿨렌산에서 얼마나 많은 석재를 캤을지, 그걸 위해 얼마나 많은 사람들이 동원됐을지를 생각하면 아름다운 이 건축물에 마냥 감탄만 할 수는 없다.

바이욘 사원의 백미는 3층 중앙성소다. 이곳에는 수많은 바이욘의 얼굴이 있다. 보는 위치와 각도에 따라 다르지만 미소는 한결같다. 미소 짓는 입술의 곡선미가 놀라울 정도로 아름답다. 인간의 미소와 부처의 미소는 엄연히 다르다. 바이욘의 미소 앞에서 입꼬리를 올려 웃어 보지만 인간이 바이욘의 미소를 닮기는 어렵다. 수많은 바이욘의 얼굴에 얼이 빠져 귀신에 홀린 것 같은 느낌이 들면 어디로 나가야 할지 헷갈린다. 그래도 누구나 이곳에 오면 미소를 짓는다.

바이욘 사원 가까이에 바푸온 사원이 있다. 앙코르톰이 건설되기 전인 우다야디티야바르만 2세(1050~1066) 때 지은 힌두교 사원이다. 높이가 43m로 무척 높다. 첫인상은 우람한 남성이 연상된다. 200m 길게 이어진 진입로를 보면 사원의 격이 꽤 높았을 것

한결같이 평온한 바이욘의 미소

같다. 진입로 난간이 없는 게 특이하다. 진입로 폭도 좁아 혼자 독차지하고 걷는 기분이다.

바푸온 사원은 피라미드식 기단 위에 육중한 사원이 안정되게 배치된 구도다. 이곳에 서면 아름다운 미술관 앞에 서 있는 상상을 하게 한다. 바푸온 사원에서 왜 미술관이 연상되는지는 모르겠다. 하지만 층층의 피라미드 계단을 보면 누구나 아름다운 선율을 느낄 수 있을 것이다. 바푸온 사원은 무슨 목적으로 세워졌는지 알려져 있지 않다. 그래서 이곳이 미술관이었을 거라고 나 혼자 결정 내려도 무방하다.

층층의 아름다운 선율, 바푸온 사원

앙코르톰에서 인적이 가장 드문 곳이 왕궁터다. 왕궁터에는 남아 있는 것이 거의 없다. 그래서 가이드도 그냥 지나치는 경우가 많다. 하지만 걷는 동안 많이 상상하는 곳이 이곳이다. 보이는 게 없으니 맘껏 상상력을 펼친다. 원나라 사신 주달관의 기록에 따르면, 왕궁은 금색으로 장식되어 화려하고 웅장했다. 담장 안에는 금으로 입힌 화려한 왕궁과 왕궁의 사원으로 알려진 피미엔나까스 사원, 왕족과 궁녀들이 목욕했다는 연못 두 개, 그리고 부속 건물들이 있었다.

지금 왕궁터에는 피미엔나까스 사원과 연못 두 개만 남아 있다. 여기저기 허물어진 왕궁 담장이 이곳이 왕궁터였음을 말해 주고 있을 뿐이다. 누군가는 재미없는 이곳이 나는 무척 흥미롭다. 왕궁터 안에는 피비린내 나는 권력 싸움과 앙코르 제국의 역사가 있다. 왕궁터를 걸으며 수많은 왕을 떠올려 본다. 왕들의 역사 또한 우리네 인생과 같다. 굴곡 없는 인생이 무슨 의미가 있겠는가?

왕궁터 한가운데에 위치한 피미엔나까스. 왕이 사용했다는 사원이다. 전설에 따르면 왕이 인간 여자와 동침하기 전에 여인으로 변신한 뱀과 동침해야 재앙을 막을 수 있다고 해서 왕은 해가 지면 매일 피미엔나까스 사원의 계단을 올랐다고 한다.[5] 지금 이곳은 보수 중으로 출입이 금지되어 있다. 전설은 그냥 전해져 내려오는 것은 아니다. 사원을 둘러보는데 뱀 귀신이 나올 것 같은 섬뜩함이 느껴진다.

왕궁터에서 유일하게 옛 모습 그대로 지키고 있는 것이 왕궁의

●● 역사의 굴곡을 담고 있는 왕궁터, 전설을 품은 피미엔나까스, 옛 모습을 간직한 목욕탕

목욕탕이라고 알려진 연못이다. 큰 연못은 정교하게 조각된 석재로 둘러싸여 있다. 주달관은 왕궁 목욕탕의 모습을 보고, 많은 여인들이 한꺼번에 들어가서 목욕을 하는데 왕족의 여인들은 피부가 하얀 반면 시중을 드는 하녀는 까만 피부를 가졌다고 기록했다. 석축 부조에는 이끼가 끼여 있고 물은 탁하다. 과거의 영화가 그저 옛날이야기처럼 들린다. 작은 연못은 신분이 낮은 궁녀들의 목욕탕으로 추정하는 곳이다.[1] 두 개의 연못이 목욕탕이 맞다면 그 당시 왕궁에는 얼마나 많은 사람들이 살았다는 말인가? 웬만한 역사 기록은 믿지만 이 연못은 도저히 믿기 어려운 게 사실이다.

왕궁터에서 왕궁 고푸라로 나가면 300m 길이에 폭이 14m인 코끼리테라스와 연결된다. 코끼리테라스는 국가의 중요한 행사를 진행했던 곳이며, 출정하는 병사들이나 승리의 전사들을 맞이했던 곳이다. 이곳에 서면 시야가 탁 트이고 커다란 광장이 눈앞에 펼쳐진다. 누가 봐도 이곳에 많은 사람들이 모여서 뭔가를 했을 것 같이 넓다. 병사들의 함성 소리가 들리는 듯하다. 테라스에 서서 자야바르만 7세가 되어 세상을 호령하고 큰 꿈을 그리는 호기를 부려도 좋은 곳이 이곳이다.

코끼리테라스 왼쪽 끝은 흔히 문둥왕이라고 말하는 야소바르만 1세(889~910)의 석상이 있는 루퍼킹테라스다. 루퍼킹테라스의 맞은편 쁘레아삐투 사원은 한국의 코이카(국제협력단)와 문화재청이 공동으로 복원 사업 중이다. 그 앞에 노천 식당들이 자리 잡고 있다.

왕궁터를 걸어 나와 뻥 뚫린 광장 모습에 홀려 테라스를 한참 걷다 보면 더위에 목이 마르다. 그런 때 나는 이곳 노천식당 앞 길거리에서 파는 사탕수수 즙으로 만든 뜨엄뻐으*를 마시며 잠시 더위를 식히곤 했다.

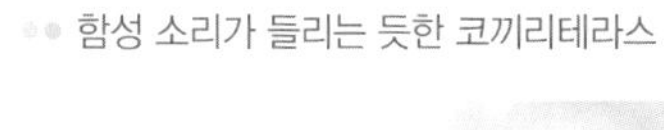
함성 소리가 들리는 듯한 코끼리테라스

*뜨엄뻐으: 부록 "캄보디아의 다양한 간식" 참조

산상 사원, 프놈바켕

시엠립 앙코르 유적지 방문 계획을 짜다 보면 투어 코스가 있다. 흔히 Small tour와 Big tour라고 말하는데 많은 사람들이 택하는 하루 일정의 Small tour는 앙코르와트, 앙코르톰, 왕궁터, 코끼리테라스, 따프롬을 간다. 앙코르와트와 앙코르톰 사이에 있는 프놈바켕 사원은 빠져 있다. 하지만 프놈바켕 사원은 꼭 한 번 가 봐야 하는 곳이다. 이곳은 앙코르 제국의 첫 수도라고 할 수 있는 야소다라뿌라의 중심지이기 때문이다.

앙코르 제국 초기의 수도는 룰로이스 지역(시엠립에서 동쪽으로 10㎞ 떨어져 있다). 네 번째 왕인 야소바르만 1세(889~910)는 룰로이스를 떠나 바켕산을 중심으로 새 도시를 건설하며 산 정상에 사원을 세웠다. 프놈바켕 사원에 올라서면 사방이 한눈에 들어온다. 바켕산이 67m, 사원의 높이가 13m이니 전체 높이는 80m다. 주변에는 시엠립강이 흐른다. 이런 자연적 조건 때문에 바켕산을 중심으로 도시가 형성된 뒤, 이곳을 중심으로 한 앙코르 제국의 수도는 600여 년간 지속된다.

프놈바켕 사원에 오르는 길은 산길이다. 30여 분 정도 걸어 정상에 오르면 사원 주변의 건물 잔해들이 먼저 눈에 띈다. 사원 입구에는 난디상이 서 있다. 난디는 힌두 신화 3대 신 중 하나인 쉬바신이 타고 다녔다는 암소다. 대부분의 앙코르 사원과 마찬가지로 프놈바켕 사원도 힌두교 사원이다. 할머니 한 분이 난디상 앞에 무릎을 꿇고 정성스럽게 두 손을 모으고 뭔가를 빌고 있다. 난디상은 그저 옛 모습 그대로 우직하게 앉아 있을 뿐이다.

사원 위로 오르기 전 주변을 한 바퀴 둘러보는데 길이 없다. 사원의 부속 건물들은 거의 다 무너졌다. 흙벽돌의 일종인 라테라이트 벽돌로 만들어졌기에 더 그렇다. 붉은색의 라테라이트 벽돌을 지탱하고 있는 문틀이 애처롭다. 폐허의 모습은 쓸쓸하다. 하지만 머릿속으로 돌을 꿰맞춰 보면 아름다운 건축물이 그려진다. 어떤 땐 혼자 상상하는 사원의 모습이 더 아름답다.

프놈바켕 사원은 산 정상에 자리 잡고 있지만 산이라고 느껴지지 않을 정도로 정상이 편편하고 사원 또한 안정감 있게 배치되어 있다. 사원 한 면 길이가 70m가 넘으니 산 정상의 규모로는 엄청 크다. 계단 양옆에는 층층마다 사자상이 버티고 서서 이곳이 진정한 앙코르 제국의 수도라고 외치고 있다. 경사가 급한 계단은 인간이 정상에 오르는 것을 쉽게 허락하지 않아 네발로 기어올라야 한

다. 앙코르 제국 초기의 수도에서 오는 성스러운 느낌이 강해 오르는 한 발 한 발이 조심스럽다.

중앙성전탑을 호위하고 있는 사각의 탑은 모두 파괴되어 탑신만 남아 있다. 중앙성전탑도 상륜부가 파괴되어 온전하지 않다. 하지만 탑신에 새겨진 화려한 문양은 그대로 살아 있다. 상륜부가 그대로 있었다면 엄청난 높이의 탑이었을 것이다. 탑신만으로도 그 웅장한 모습이 상상이 간다. 저 멀리 숲속으로 앙코르와트가 보이고 눈을 옆으로 돌려보면 거대 도시 앙코르톰이다. 희미하게 보이는 거대한 인공저수지 서바라이(서쪽의 저수지라는 뜻)는 마치 바다와 같이 펼쳐져 있다.

프놈바켕 사원은 서바라이의 일몰로도 유명하다. 그래서 오후 5시면 일몰을 보기 위해 많은 사람들이 몰린다. 하지만 일몰이 아니더라도 이곳에 오르면 사방이 한눈에 들어와 탄성이 절로 나온다. 야소바르만 1세가 왜 이곳을 수도로 정했는지 알 수 있다. 프놈바켕 사원은 앙코르 제국 도시에서 유일하게 산상에 위치한 사원이다.

웅장했을 중앙성소탑

스펑나무가 삼켜 버린
따프롬 사원

안젤리나 졸리의 영화 〈툼레이더〉로 더 유명해진 따프롬 사원. 앙코르 유적 중 가장 기억에 남는 곳이 어디냐고 물으면 의외로 따프롬 사원이라고 말하는 사람이 많다. 아마도 폐허의 이미지가 너무나 강열했기 때문인 것 같다. 그 폐허의 주범은 스펑나무다. 프랑스보호국 시대 앙코르 유적 복원 계획을 세우며 스펑나무에 의해 붕괴되는 사원의 실제를 연구하며 한 곳은 그대로 두기로 했는데, 그 사원이 따프롬 사원이다.

따프롬 사원은 너무나 많이 무너졌고 무너진 틈 사이로 길을 만들었기에 내부를 자세히 보기가 쉽지 않다. 서너 번 방문한 적이 있는 나도 매번 갈 때마다 제대로 본 건지 의문이 들 정도다. 따프롬 사원은 동쪽 탑문을 통해 들어가는 것이 일반적이지만 서쪽 탑문을 통해서도 많이 들어간다.

짬파국의 지배를 벗어나 새로운 왕조를 천명해야 할 필요성이 있었던 자야바르만 7세는 정통성 확보를 위해 700m×1,000m의 큰 규모로 사원을 짓는다. 따프롬 사원은 죽은 어머니를 위한 사원이기도 하지만 권력 강화의 목적도 있었다. 철저한 불교도였던 자야바르만 7세는 즉위 후 많은 불교 사원을 지었다.

힌두교 사원이 판석축조 방식으로 바닥이 든든한 데 반해 이후에 지어진 불교 사원은 맨땅에 그냥 지어 지반이 약하다. 따프롬 사원을 비롯하여 쁘레아칸 사원 등 그 당시 지었던 많은 불교 사원의 붕괴가 심한 이유다. 거기에 붕괴를 재촉한 것이 스펑나무다. 새의 분비물이나 바람에 옮겨 온 스펑나무 씨앗은 물을 찾아 사암의 틈 사이에 자리 잡는다. 건축물이 스펑나무의 토양이 되는 셈이다. 그러다 스펑나무가 자라며 석재 틈이 벌어지고 감싸고 있던 건축물은 붕괴된다.[6] 따프롬 사원의 스펑나무는 제거가 불가능하기에 그대로 둔 것이다. 인간이 아무리 완벽해도 자연을 이길 수 없다는 걸 말해 주고 있는 사원이 따프롬 사원이다. 벽면 한쪽을 집어삼킨 스펑나무는 오히려 사진 찍는 명소로 유명해졌다.

중앙성소로 접근하면서부터는 본격적인 폐허를 만난다. 걸으면서도 자꾸 위를 쳐다보게 된다. 탑문을 지키는 문지기 조각상이 무너진 돌에 짓눌려 신음하고 있다. 금방이라도 무너질 듯하여 발걸음이 저절로 빨라진다. 사원 대부분이 무너져 있어 차분하게 안을 들여다보는 것이 쉽지 않다.

역설적이게도 스펑나무에 의해 무너진 사원은 인간에겐 신비감을 주었다. 안젤리나 졸리가 들어갔다는 영화 속의 스펑나무에서는 사람들이 너무 많아 사진 찍기 위해 한참을 기다려야 한다. 지금의 따프롬 사원 주인은 자야바르만 7세도 아니요, 그의 어머니도 아닌 스펑나무다. 스펑나무를 위해 억지로 이름을 붙인다면 아름다운 붕괴라고나 할까….

중앙성소는 네 개의 무너진 탑들 사이에 있다. 그 가까이에도

스펑나무에 감긴 따프롬 사원

커다란 스펑나무가 자라고 있어 언젠가는 중앙성소도 스펑나무의 먹이가 되지 않을까 걱정이 앞선다. 따프롬 사원은 사원의 구도를 미리 알고 가지만 무너진 돌과 스펑나무의 인상이 강한 곳이라 진짜 사원의 모습을 보기가 쉽지 않은 곳이다. 따프롬 사원을 소개한 글을 보면 당시 사원 안에는 승려, 신도, 무희 외에도 행정기관이 들어와 있어 5천 명이 넘는 사람들이 살았다고 한다.[7] 따프롬 사원은 하나의 작은 도시였던 것이다. 지금은 스펑나무가 그 모든 역사를 삼켜 버렸다.

따프롬 사원은 마치 영화의 한 장면처럼 타임머신을 타고 다른 세계를 갔다 온 느낌을 준다. 그만큼 신비스러운 체험이다. 하지만 붕괴된 사원의 신비스러운 모습은 인간에 대한 경고이기도 하다. 내가 따프롬 사원 방문을 마치면 맘이 늘 무거운 이유다.

왕이 아버지를 위해 바친
쁘레아칸 사원

앙코르 제국의 가장 위대한 왕 자야바르만 7세는 즉위 후 따프롬 사원을 세우고 이어서 죽은 아버지를 위해 쁘레아칸 사원을 건설한다. 쁘레아칸은 신성한 칼이라는 뜻이다. 하지만 사원 안에 칼이 있다는 기록은 어디에도 없다. 여성적인 따프롬 사원에 비해 쁘레아칸 사원은 남성적이다. 동서 수직으로 길게 이어진 통로를 따라 좌우에 수많은 문이 끝없이 이어져 있다. 구조는 비교적 단순하다. 그래서 더 강하게 느껴진다. 쁘레아칸 사원은 앙코르톰에서 그다지 멀지 않지만 Big tour에 속하는 코스다.

왕이 드나들던 동쪽은 고푸라(입구 문)와 테라스가 크고 화려하다. 그 앞에는 엄청난 크기의 인공저수지, 자야타타카가 있다. 우기에 물이 차 있을 때 쁘레아칸을 보고 나와 자야타타카 앞에 서면 황홀한 광경에 넋을 잃는다. 저수지가 아니라 큰 호수이기 때문이다. 하지만 쁘레아칸 관람은 서쪽에서부터 시작하는 게 일반적이다. 동쪽의 진입로가 좋지 않은 것도 한 원인이다. 서쪽 진입로는 라테라이트 바닥에 양옆에는 사자가 불상을 받쳐 든 링가(남성의 성기를 말하나 힌두교에서 형상화하여 쉬바신으로 숭배한다)가 서 있다. 울창한 숲 사이에 조성된 진입로는 적막하다. 쁘레아칸은 관광객들이 많이 찾는 곳은 아니다.

진입로 좌우측은 앙코르톰 남문 해자 다리 난간에서 보았던 악신과 선신이 바수키를 잡고 줄다리기 하는 모습과 같다. 앙코르와트 1층 회랑 부조 우유바다 젓기다. 서쪽 고푸라를 지나 숲길을 한참 걸으면 울퉁불퉁하지만 단단하게 펼쳐진 테라스가 나온다. 십자 회랑 앞에는 머리가 없는 우람한 체구의 장수가 서 있다. 입구에서부터 남성의 강한 이미지가 느껴진다. 입구에 압사라 여신이나 문지기가 서 있는 다른 사원과는 분위기가 사뭇 다르다. 손에 쥔 긴 칼은 금방이라도 적을 향해 찌를 듯하다.

십자 회랑을 경계로 쁘레아칸 사원은 700m×800m의 직사각형으로 축조되었다.[8] 하지만 중앙성소를 감싸고 있는 부분과 수직선 통로를 제외하고는 거의 무너져 숲속에 방치되어 있다. 강한 남성의 이미지를 표현하기 위해서 그런 건지는 모르겠지만 쁘레아칸 사원에는 자야바르만 7세의 얼굴, 부처의 미소가 없다. 십자형 회랑을 들어서면서부터 800m 일직선으로 방과 방, 문과 문으로 연결되었다.

중앙성소에 가까워질수록 문이 작아지는데 이곳은 아무나 들어

갈 수 없다는 것을 의미하는 듯하다. 들어갈수록 문이 작아지니 심리적으로 위축되는 느낌도 든다. 좌우는 정확히 대칭형으로 지어져 똑같은 크기의 문이 여기도 있고 저기도 있다. 그래서 중앙 통로를 벗어나 옆으로 가면 무척 헷갈린다. 옆으로 벗어나 가는 길도 없지만. 쁘레아칸 사원은 중앙 통로를 따라 일직선으로 걸어서 간다. 좁은 통로는 두 사람이 나란히 걷기에도 비좁다.

그 비좁은 통로를 나이가 지긋한 외국인 부부가 다정히 손을 잡고 앞에서 걷고 있다. 차마 그들을 지나쳐 앞으로 먼저 가기가 미안해 뒤에서 따라 걷다 보니 아내가 생각난다. 서로 의지하며 살 사람은 아내뿐인 걸, 살아오며 그다지 잘해 준 게 없어 미안한 맘이다.

중앙 통로의 링가와 요니

중앙성소에는 원래 자야바르만 7세 아버지의 석조물이 있었다고 한다. 지금 있는 원형탑은 16세기에 교체된 것이다. 이곳에도 칼에 대한 이야기는 없다. 원형탑 안에는 자야바르만 7세 아버지의 사리가 있다고 하는데 그 말도 믿기 어렵다. 하지만 원형탑 상단 하늘로 향하고 있는 부분이 정확히 사원의 중앙을 가리키는데 이는 자야바르만 7세의 아버지를 향한 맘이라는 설명은 이해가 된다. 중앙성소 원형탑이 쁘레아칸의 모든 걸 말해 주고 있다. 아버지를 위한 마음이자 강한 앙코르 제국을 건설하고자 했던 뜻이 담긴 곳이다. 이 사원은 구조가 단순하지만 배치된 선이 굵다.

자야바르만 7세 사후 쁘레아칸 사원은 힌두교 사원으로 바뀐다. 그러면서 파괴되거나 변형된다. 자세히 보면 불교 조각과 힌두교 조각이 섞여 있는 것을 볼 수 있다. 얼핏 보면 비슷해 보이지만 무너진 쁘레아칸 사원이 갖고 있는 슬픈 역사다. 자야바르만 7세가 어머니를 위해 지은 따프롬 사원과 아버지를 위해 지은 두 곳이 유독 붕괴가 심한 것은 즉위 후 왕권 강화를 위해 빠른 시간에 마치려고 서두른 탓도 있지만 부실한 석재, 허술한 공사 등의 문제도 있었을 거라는 추측이다. 그런 이유가 아니더라도 앙코르 유적은 앙코르 제국 멸망 후 600여 년간 밀림에 있었다. 유적이 스스로 생존하기에는 너무나 오랜 시간이었다.

ⓞⓞ 쁘레아칸 사원 정중앙에 있는 원형탑

아름다운 병원,
닉뽀안 사원

시엠립 근교의 앙코르 유적은 시원한 바람을 맞으며 가는 툭툭이 제격이다. 흙길을 달릴 때는 흙먼지에 손으로 입을 가리게 되지만 언제 우리가 흙먼지 길을 달려 보겠나? 툭툭을 이용할 때 앙코르와트와 앙코르톰, 따프롬 사원 위주의 스몰투어에 닉뽀안 사원을 추가하면 Big tour로 하루 25달러 정도 한다(Small tour 15달러). 닉뽀안 사원은 앙코르톰에서 그다지 멀지 않지만 잘 알려져 있지 않다. 한적해서 오히려 좋다.

앙코르 유적을 다니다 보면 무척 덥다. 그래서 어떤 사람은 아침 일찍 나갔다가 점심에는 숙소로 와 쉬다가 오후에 다시 나가기도 한다. 유적지 주변에 에어컨이 있는 식당이나 커피숍이 없기 때문이다. 더워도 그냥 참고 다녀야 한다. 사방이 뚫린 식당에 천장에서 덜거덕거리며 돌아가는 선풍기가 더위를 식혀 주지만 단체

관광객들이 밀려들면 좁은 식당은 이내 소란스럽고 식사도 마냥 기다리는 경우도 많다.

하지만 닉뽀안 사원 주변은 한적해서 나는 앙코르 유적지를 돌 때 이곳에서 점심을 먹게 스케줄을 짜곤 했다. 닉뽀안 사원 앞의 두세 개 식당은 한적한 편이라 점심으로 돼지고기볶음밥(바이차쌋쯔룩*)에 시원한 앙코르 맥주와 아이스박스에 보관된 코코넛을 곁들여 먹으며 오래 쉴 수 있어 좋다.

자야바르만 7세는 죽은 아버지를 위해 쁘레아칸 사원을 세우며 사원 동쪽에 거대한 인공 저수지 자야타타카를 조성했다. 이는 백성들을 위한 치수 목적도 있지만 강력한 권력의 과시며 종교적 신성함의 표현이었다. 자야타타카 저수지는 크기가 900m×3,700m로 너무 커서 인공으로 만들어졌다고 믿기 어려울 정도다.[9)]

그 한가운데에 앙코르 유적에서 가장 특이한 건축물 중 하나인 닉뽀안 사원이 있다. 이 사원은 인간을 구제하고 병을 치유하는 목적으로 지어진 사원이다. 닉(នាគ)은 뱀(또는 용)을 뜻한다. 원형의 기단을 나가(뱀)가 감싸고 있어 사원 이름도 그렇게 불리게 되었다. 커다란 저수지 한가운데 인공섬을 조성하고 인공섬의 한가운데 연못이 있고 그 연못 한가운데 사원이 있다. 건기에는 자야타타카 저수지가 마르듯이 닉뽀안 사원의 연못도 메마른 땅을 드러낸다. 그래서 닉뽀안 사원은 우기에 가야 아름답다.

*바이차쌋쯔룩: 부록 "캄보디아 전통 음식" 참조

닉뽀안 사원으로 들어가기 위해서는 저수지를 건너야 한다. 나무다리가 놓여 있어 접근은 쉽다. 저수지 바닥에 닿을 듯 놓여 있는 나무다리 위를 걷는데 물을 흠뻑 머금은 저수지가 건기와는 비교가 안 될 정도로 황홀한 광경을 연출하고 있다. 깊이는 깊지 않다. 수초가 많아 작은 물고기 떼가 무리 지어 다닌다. 건기에 메말랐던 나무는 우기에 춤추듯 서로 엉켜 붙어 물 위의 축제 분위기를 연출한다.

황홀한 광경을 연출하는 우기의 자야타타카 저수지

나무다리를 건너면 닉뽀안 사원이 눈에 들어온다. 앙코르 유적의 사원을 보다가 닉뽀안 사원을 보면 처음에는 의아하다. 그냥 탑이기 때문이다. 하지만 닉뽀안 사원이 불쌍한 사람을 구제하기 위해 만든 사원이라는 걸 알고 나면 느낌이 전혀 다르다(고대 사람들은 목욕조에 들어가면 병이 치유된다고 믿었다).

닉뽀안 사원은 한 면이 70m 정도 되는 정사각형 연못의 중앙에 아름다운 자태를 뽐내고 서 있다. 중앙 연못의 사면에는 네 개의 작은 연못이 수로로 연결되어 있다. 네 개의 작은 연못은 물, 흙, 불, 바람을 의미한다. 수로에는 불교 조각으로 가득한 작은 탑이 있다. 물의 입구를 말하는 고푸라다. 여기서 흐르는 물은 치유의 뜻을 가졌기에 물이 드나드는 문도 필요했으리라.

물에 비친 닉뽀안 사원을 보면 한 폭의 그림이라는 표현으로도 부족하다. 모든 색의 물감을 사용하여도 이렇게 그리진 못할 것이다. 사원 탑이 연못에 비쳐 대칭을 이루며 물 표면에 또 하나의 닉뽀안을 만들 때는 너무 아름다워 넋이 나간다. 원형 기단을 감싸고 있는 두 마리의 나가는 물속에 잠겨 보이지 않지만 여러 개의 계단이 원형으로 기단을 형성하고 있고 기단 맨 위쪽에는 꽃무늬가 보이는데 섬세함의 극치다.

원형 기단 위에 10m 높이의 성소탑이 세워져 있다. 성소탑에는 아름다운 조각이 빼곡히 들어차 자야바르만 7세의 꿈을 이야기하고 있다. 사원에 가까이 갈 수 없어 자세히 볼 수 없는 것이 안타깝다. 원형 기단과 성소탑이 만들어 내는 황홀한 연출은 닉뽀안 사원을 가장 아름다운 앙코르 유적 중 하나로 손꼽게 한다. 닉뽀안 사원은 신이 아닌 인간을 위해 만들어졌다. 실제로 많은 환자들이 이 연못에서 치료를 받았다고 한다. 그래서 내 눈에는 이 사원이 참 아름답게 보인다.

아름다운 자태를 뽐내는 닉뽀안 사원

앙코르 제국의 뿌리,
바꽁 사원

앙코르 유적을 보다 보면 기대하지 않던 곳에서 크게 감동을 받는 경우가 있다. 바꽁 사원이 그렇다. 시엠립 시내에서 10㎞ 떨어진 룰로이스 지역은 투어 코스에서도 빠져 있고 사원의 내력을 알지 못하면 선뜻 가지 않는다. 하지만 나는 바꽁 사원을 앙코르와트 만큼이나 추천한다. 바꽁 사원은 프놈바켕을 중심으로 한 수도 야소다라뿌라가 건설되기 이전의 수도인 하리하라라야에서 앙코르 제국 초기를 대표하는 사원이다. 앙코르 제국이 탄생한 지 80년이 지난 후 안정적인 기반을 갖춘 인드라바르만 1세가 만들었다고 알려져 있다.

바꽁 사원은 지금도 규모가 크지만 2중의 외부 해자가 그대로 남아 있었다면 더 크고 웅장했을 것이다. 해자를 건너 바로 보이는 중앙성전탑은 어디서 많이 본 듯하다. 앙코르와트의 중앙성전탑? 프놈펜 독립기념탑? 맞다. 바꽁 사원의 중앙성전탑은 앙코르 제국의 가장 화려한 양식을 보여 주는 시작이다. 바꽁 사원 중앙성전탑의 연꽃 봉우리는 앙코르와트 중앙성전탑의 원본인 셈이다.

라이브러리를 끼고 사원을 한 바퀴 돈다. 처음 가는 유적지에서는 늘 하던 버릇이다. 입구 양쪽에 있는 라이브러리는 무너져 기단만 남았다. 이곳에 대체 무엇이 있었을까? 무너졌다는 것, 텅 비어 있다는 건 더 많은 상상을 하게 한다. 그래서 무덤덤하게 쌓여 있는 이 돌덩이가 더 신비롭다.

바꽁 사원은 4단의 피라미드식 기단으로 조성되어 있는데, 맨 위에 중앙성전탑이 있다. 기단에서부터 중앙성전탑 끝까지 하면 높이가 25m는 족히 넘는다. 그 맨 위에 연꽃 봉오리 탑을 세웠으니 아름답지 않을 수 없다.

2층 기단을 오르다 나는 반가운 사람을 만났다. 내가 근무하고 있는 대학교의 영어과 교수로 가이드 일을 병행하고 있는 친구다. 캄보디아는 국립대학교 교수라 해도 월급이 적어(대략 350달러) 투잡을 하는 게 현실이다. 나는 이 친구를 앙코르와트에서 두 번 봤다. 이곳에서 볼 줄은 생각지도 못했다. 그만큼 가이드가 이곳을 찾는 경우가 많지 않기 때문이다. 그는 내가 앙코르 유적에 대해 관심이 많다는 걸 알고 있다. 우린 가끔 교무실에서 앙코르 유적에 대한 얘기를 나누곤 했다.

기단을 하나씩 오르며 중앙성전탑에 가까이 가면 화려한 연꽃이 눈앞에 다가온다. 연꽃 봉오리는 만개하여 활짝 웃고 있다. 중

섬세하고 안정적인 느낌의 바꽁 사원과 4층 맨 꼭대기의 중앙성소탑

앙성소에 올라서면 마치 세상이 앙코르 제국의 발아래 있다는 듯 사방이 한눈에 보인다. 사원을 둘러싸고 중앙성소를 중심으로 한 면에 두 개씩 정확히 조성된 8개의 탑은 붉은색을 분출하며 높이 솟아 있다. 하지만 무슨 용도로 만든 건지는 알려져 있지 않다. 앙코르 유적은 기록으로 남은 게 별로 없어 사원의 목적이나 건물의 용도를 알 수 없는 경우가 많다. 가이드의 설명도 추측이나 지어낸 것들이 많다.

바꽁 사원이 남다른 것은 꾸밈이 없는데도 섬세하다는 것이다. 날것이지만 거칠지 않고, 웅장하지만 안정된 느낌이다. 내가 바꽁 사원을 좋아하는 이유다. 바꽁 사원이 서 있는 이곳 초기 앙코르 제국의 수도, 하리하라라야는 강한 기운이 느껴지는 곳이다. 앙코르 제국의 역사가 여기서부터 시작되었다고 생각하면 쌓아 올린 돌 하나하나가 예사롭지 않다. 바꽁 사원은 한국의 마니산 천제단 같은 곳이다.

신이 사랑한 여인을 위해 만든 사원,
반띠쓰레이

앙코르 유적지를 보다 보면 너무나 아름다워 갖고 싶다는 생각이 들 때가 있다. 하지만 실제로 훔쳐 갈 생각을 하는 사람은 없다. 반띠쓰레이 사원은 예외다. 얼마나 아름답길래 훔쳐 갔을까? 반띠쓰레이 유적을 훔쳐 간 사람은 다름 아닌 프랑스 문학가 앙드레 말로다(그는 후에 프랑스 문화부 장관을 지냈다).

소설가며 미술품 애호가였던 앙드레 말로는 반띠쓰레이 사원이 발견된 지 얼마 안 된 1923년 아내와 함께 사원을 방문했다가 너무나 아름다운 사원에 매료되어 며칠 뒤 몰래 다시 방문하여 사원 조각의 일부를 떼어 내 파리로 반출하려다 프놈펜을 빠져나가기 직전 발각되어 체포된다.[10] 이 사건으로 인해 반띠쓰레이 사원은 유럽에 크게 알려지게 된다.

반띠쓰레이 사원이 앙코르 유적지와 가까이 있다면 앙코르와트와 쌍벽을 이루었을 것이다. 반띠쓰레이 사원은 시엠립 시내에서 35㎞ 떨어져 있어 일부러 시간을 내지 않으면 가 보기 쉽지 않다. 하지만 이곳이 얼마나 아름다운지 아는 사람은 그보다 먼 거리라도 단숨에 달려간다. 이 사원을 보는 순간, "내가 앙코르 유적지에 와서 이걸 안 보고 갔다면 정말 후회했을 것이다."라고 말할 테니까.

이 사원은 반띠쓰레이라는 이름에서도 알 수 있듯이 무척 여성스럽다(쓰레이, 쓰라이ស្រីは 여자라는 뜻). 붉은색 사암으로 조성된 사원에 아름답고 섬세한 조각이 빼곡히 새겨져 있다. 오늘날 기계로 작업한다 해도 이렇게 못할 것이다. 이건 인간의 손이 아닌 신

화려하고 섬세한 프론톤의 조각

의 손이 조각한 것이다. 반띠쓰레이 사원은 붉은색 사암으로 만들어져서 온통 붉은빛이다. 석양의 붉은빛과 어울릴 때는 몽환적인 풍경을 연출한다. 입구 들어가기 전 붉은색 황톳길이 사원의 색깔이 뭔지 미리 알려 주고 있다.

첫 번째 출입문인 동쪽 탑문부터 화려한 프론톤(문틀 위의 장식) 조각이 넋을 잃게 만든다. 반띠쓰레이 사원은 왕에 의해 만들어진 사원이 아니다. 그래서 고푸라(사원 입구 큰 문)가 없다. 첫 번째 만난 탑문의 프론톤은 불타오르고 있었다. 프론톤을 떼어 내 들고 가져가고 싶다는 생각이 드니 순간 나도 앙드레 말로가 된다.

탑문을 지나서는 정갈하게 길이 펼쳐져 있다. 양쪽 길은 링가가 나란히 서서 길게 이어져 있다. 단순한 형태의 링가인데도 정교하다. 링가와 나란히 하는 기둥은 회랑의 기둥인 것 같은데 회랑의 흔적을 찾을 수 없어 안타깝다. 걸으면서도 좌우로 눈을 뗄 수가 없다. 양쪽의 무너진 건물터에서도 섬세한 조각의 흔적은 그대로다. 아름다운 모습에 취한 누군가는 진입로를 여러 번 왔다 갔다 한다.

그런데 이건 시작일 뿐이다. 외벽 문의 프론톤은 떨어져 나가 없고 담장은 무너질 듯 비스듬히 서 있지만 이 모든 것이 의도된 것 같다. 붉은색의 사암에서 뿜어져 나오는 색상이 태양 아래 반사되며 더욱 강열하게 불타오르니 사원이 온통 불바다다. 단단한 사암에 이런 섬세한 조각을 했다는 사실도 놀랍다.

외벽 문을 지나면 해자를 끼고 있는 중앙성소를 만난다. 설레는 맘에 심장이 쿵쿵거린다. 내가 이렇게 흥분하는 이유는 앙코르 유적을 사진으로 처음 접했을 때 반띠쓰레이 사원의 풍경이 압권이었기 때문이다. 그때 이미 나는 반띠쓰레이 사원을 앙코르 유적의 최고 걸작품이라고 인정했다. 해자를 끼고 왼쪽으로 돌아 사진기의 프레임을 맞춘 후 사원을 내 손바닥 위에 올려놓았다. 더 이상 말이 필요 없다. 그때를 생각하면 지금도 가슴이 떨린다.

●●● 앙코르 예술의 최고, 성소 외벽 프론톤

성소 외벽 프론톤은 하나같이 보이지만 3개의 프론톤이 일정한 간격을 두고 뒤로 이어져 있으며 뒤로 갈수록 크기가 커서 마치 화염에 휩싸인 모습이다. 프론톤에 새겨진 조각은 힌두 신화 이야기다. 건축물이나 조각 자체가 이곳이 앙코르 예술의 최고라고 말하고 있다. 힌두신에게 바치는 불의 예술이다.

중앙성소에는 두 개의 라이브러리와 3개의 중앙성소탑, 전실이 있다. 사원이 여성스럽다는 느낌은 중앙성소에 들어서도 여전하다. 라이브러리의 건축물 또한 앙코르 유적 어디에 내놔도 손색없는 신의 손으로 만든 걸작이다. 너무나 섬세하여 멀리서 봐도 조각이 선명하다.

중앙성소탑을 지키는 데바타(여성 문지기)의 둥근 얼굴과 도톰한 입술을 보면 안아 보고 싶은 충동을 느낀다. 허리를 약간 구부린 모습, 섬세한 치마의 주름, 머리를 땋아 뒤로 넘긴 모습, 장신구 모형까지 여성의 살아 있는 모습이다. 이 사원을 만든 사람은 그 자신이 가장 아름다운 여인이 되고 싶었던 건 아닐까? 데바타는 세 마리의 백조가 받치고 있다. 그리고 문 쪽을 향해 비스듬히 서 있다. 데바타는 신의 모습을 하고 있지만 사람의 모습으로 환생하여 천년 넘게 이곳에 있다.

데바타가 지키는 야흐나바라하 형제, 왕족이면서 왕이 되기를 거부했던 이 형제는 976년 반띠쓰레이 사원을 완공했다. 이때는 앙코르 제국이 안정된 시기다. 왕의 사원은 권력을 과시하기 위해

갈수록 웅장하고 규모도 커진다. 하지만 반띠쓰레이 사원은 규모가 크지 않다. 또한 권력과 무관한 여성을 생각하며 만들었다. 인간은 모두가 평등하다는 듯 기단도 없이 편편하다. 신이 사랑한 여인을 생각하며 만든 것이다. 흔히 반띠쓰레이 사원을 신에게 바치는 최고의 예술품이라고 말한다. 천년의 예술이 살아 숨 쉬는 곳이 반띠쓰레이 사원이다.

천 년의 예술이 살아 숨 쉬는 반띠쓰레이 사원

앙코르 제국의 성지,
프놈쿨렌산

프놈쿨렌산은 크메르족의 성지다. 802년 앙코르 시대를 연 자야바르만 2세는 이 산을 중심으로 왕조를 열었다. 산이 편편하고 시엠립강이 시작되는 곳으로 왕권 초기에 왕권을 확립하기에는 최적의 장소였다. 프놈쿨렌산은 사암의 산으로 앙코르 유적에 사용된 대부분의 돌은 이곳에서 채석되어 시엠립강을 통해 운반되었다. 프놈쿨렌산은 시내로부터 50㎞ 떨어져 있다. 반띠쓰레이 사원과 가깝지만 하루 일정으로는 빡빡하다. 67번 국도가 프놈쿨렌산을 절개하여 다른 두 개의 산처럼 보이지만 실은 하나의 산이다. 프놈쿨렌산에서 가 봐야 할 곳은 두 곳인데 서로 멀리 떨어져 있다. 가는 길이 완전히 다르다.

끄발스뻬언은 프랑스 학자에 의해 1966년 발견되었다.[11] 끄발스뻬언은 작은 계곡을 건너는 다리를 말한다(스뻬언ស្ពាន은 다리를 뜻함). 그곳에 가기 위해서는 관리사무소에서 1.5㎞ 열대 우림의 산을 걸어 올라가야 한다. 인적이 없고 이정표도 없어 혼자 가기가 쉽지 않다. 산길 1.5㎞는 꽤나 멀게 느껴진다. 사람이 없으면 더 그렇다. 프놈쿨렌산의 왕도 위치는 아직도 정확히 밝혀지지 않고 밀림 속에 묻혀 있다. 그래서 끄발스삐언 부근이 왕도라고 단정할 수도 없다. 지금은 그저 깊은 산속일 뿐이다.

끄발스삐언 계곡에 수많은 링가가 있다. 크고 작은 링가(남자의 성기)를 통과한 계곡 물은 요니(힌두 신화에 나오는 여자의 성기. 창조와 풍작의 의미)를 통과하며 신성한 물이 된다. 그냥 보면 작은 계곡이지만 영험이 느껴지는 곳이다. 링가와 요니를 거친 물은 아래로 흐르다 작은 폭포가 되어 잉태의 포효를 한다. 이곳은 어머니의 자궁과도 같은 곳이다.

프놈쿨렌산 폭포는 끄발스삐언에서 차로 30여 분을 가야 한다. 이곳은 큰 폭포와 함께 천 개의 링가로도 유명하다. 프놈쿨렌산 폭포는 따프롬 사원과 함께 〈툼레이더〉 영화 촬영지로도 유명하다. 산 정상까지는 차로도 한참을 오르는데 12시 전까지는 올라가는 차만, 12시 넘어서는 내려오는 차만 다닌다. 산길이다 보니 교행이 힘들기 때문이다. 이곳은 앙코르 유적 입장료가 통용되지 않는다. 20달러의 입장료를 내야 한다. 신성한 곳이니 내는 돈도 비싼가 보다.

산에 오르는 길가에 프놈쿨렌산에만 있다는 빨간 바나나를 매

●● 끄발스삐언의 링가와 요니, 계곡 바위에 새겨진 압사라 여신

달고 파는 허름한 노점이 길게 이어져 있다. 빨간색 외에 자주색도 있고 다양하다. 까 보니 속 색깔은 보통 바나나와 같다. 맛도 비슷하다. 노점의 모습이나 산길에서 노는 아이들의 옷차림을 보면 이곳의 생활수준을 가늠할 수 있다. 하루 1달러로 사는 현실이 캄보디아에는 아직도 많이 존재하고 있다. 프놈쿨렌산은 크메르루즈 시대 폴포트군이 마지막까지 저항했던 지역으로 오지 중에 오지다.

프놈쿨렌산 정상은 평지며 무척 넓다. 그래서 이곳이 산인지 헷갈릴 정도다. 산 정상에 마을과 학교, 사원 등이 있어 산 아래 마을과 비슷하다. 산 계곡에 천 개의 링가가 있다는 것은 그 수가 천 개라는 의미가 아니라 무척 많은 링가가 있다는 것을 말한다. 실제로는 천 개도 넘는다. 끄발쓰삐언의 링가와는 비교할 수 없을 정도로 많다. 계곡 폭이 넓어 한눈에 봐도 수많은 링가가 눈에 띈다.

천 개면 어떻고 이천 개면 어떤고? 그래도 궁금하여 인간의 얄팍한 셈법으로 세어 보는데 금방 잊고 다시 센다.

찰랑거리는 물속에서는 여전히 수많은 링가가 춤을 추고 있다. 산 정상에서 흘러내려 온 물을 받은 링가는 요니를 거쳐 생명을 잉태하고 프놈쿨렌산 폭포에서 새 생명을 뿌린다. 프놈쿨렌산 폭포는 20m 높이에서 장엄한 물줄기를 뿌리고 있다. 폭포수의 하얀 포말은 새 생명의 탄생을 축복하는 것이다. 프놈쿨렌산은 크메르족의 성지이며, 프놈쿨렌산 폭포는 크메르족의 생명수다. 폭포는 건기에도 마르지 않는다. 앙코르 제국을 연 자야바르만 2세, 앙코르와트를 지은 수리야바르만 2세, 앙코르 제국의 가장 위대한 왕 자야바르만 7세가 바라보던 곳, 프놈쿨렌산은 크메르족의 모든 기운이 모여 있는 곳이다.

하얀 포말을 일으키며 쏟아지는 프놈쿨렌산 폭포

현재와 과거가 공존하는 시엠립 시내

시엠립은 연간 수백만 명의 관광객이 찾는 관광 명소다. 캄보디아 북서부에 위치하고 있으며 앙코르와트로 잘 알려져 있다. 시엠은 태국의 샴족에서 나온 말로, 시엠립의 도시 지명은 샴족을 물리친다는 뜻이다. 앙코르와트로 유명해지기 전까지 이곳은 작은 시골 마을이었다. 앙코르 유적이 세상에 알려지고 많은 사람들이 찾기 시작하면서 지금은 캄보디아에서 세 번째로 큰 도시가 되었다.

시엠립 시내에는 약 15만 명이 거주하며 관광이 주 수입원이다. 세계 각지에서 몰려드는 관광객들을 위해 호텔 등 숙박 시설이 넘쳐나고 크메르 음식 외에도 세계 각국의 음식이 다 있다. 외국인 입맛에 맞춘 퓨전 음식도 많다. 한마디로 먹고 자는 것에 대해 걱정을 하지 않아도 된다.

내가 살고 있는 곳은 시엠립에서 100㎞ 떨어진 작은 도시, 시소폰. 한국 식료품을 사러 가거나 앙코르 유적을 조사하러 가면서 시엠립을 이웃집 드나들듯이 갔던 나에게는 시엠립 시내가 이웃 동네같이 정겹다. 스타벅스가 오픈했다는 소식을 듣고는 일부러 시엠립 나들이한 적도 있다. 시엠립에는 대형 쇼핑몰이 서너 개 있다. 그곳에는 라면은 물론 김치, 고추장, 된장, 김 등 한국 식료품도 많다. 한국 식당도 많아 캄보디아 음식이 맞지 않아도 크게 걱정할 게 없다.

앙코르 유적을 방문하기 전에 먼저 앙코르 박물관에서 크메르의 역사나 앙코르 유적에 대해 이해한다면 유적지 방문이 더욱 뜻깊을 것이다. 한국어 오디오 가이드를 들으며 두세 시간 공부하면 앙코르 역사가 머릿속에 그려진다. 똑같이 보지만 내 눈에 더 많이 보인다면 여행을 몇 배 더 즐길 수 있다.

시내에서 가까운 거리에 있는 민속촌은 캄보디아 전국을 다니기 힘든 관광객들에게 캄보디아를 소개하고 있다. 소수민족 마을을 꾸며 놨고 공연 시간에는 소수민족 춤 및 캄보디아 전통 혼례도 공연한다. 입구에는 주달관의 밀랍이 있다. 주달관은 원나라 사신으로 앙코르 제국을 방문한 후 앙코르 제국의 유일한 기록을 담은 『진랍풍토기』를 남겼다. 주달관의 얼굴을 보면서도 그 당시 중국 원나라에서 이 먼 곳까지 왔다 갔다는 것이 믿어지지 않는다.

●● 관광 명소 시엠립의 시가지 모습

시엠립의 화려함 뒤에도 전쟁의 아픈 역사가 있다. 민속촌의 맞은편에 있는 전쟁박물관에는 녹슨 전차와 야포, 헬기, 비행기까지 전쟁의 참상을 알리는 무기들이 전시되어 있다. 야외에 그대로 방치되어 관리가 부실한 게 오히려 방금 이곳에서 전투가 벌어진 것 같은 느낌을 준다. 인류 역사에서는 인간이 인간을 죽이는 게 아무렇지도 않던 때가 너무나 많다. 앙코르와트 사원을 만들기 위해서

화려한 시엠립의 이면, 전쟁박물관

도 많은 전쟁 포로들이 동원되었다. 화려한 시엠립의 이면에도 인도차이나 전쟁이나 폴포트의 캄보디아 내전의 상처가 숨어 있다.

시엠립 하면 뭐니 뭐니 해도 팝스트리트다. 팝스트리트는 밤이면 너무나 많은 사람들이 쏟아져 나와 정신이 하나도 없다. 세계인들이 몰려들어 말 그대로 Small World가 된다. 안젤리나 졸리가 들러서 유명해진 레드피아노에는 관광객들이 넘쳐난다. 레드피아노 2층에서 밖을 내다보며 앉아 있는 것만으로도 내가 마치 그녀의 상대 배우가 된 느낌이다. 긴장의 연속에서 살았던 사람이라면 팝스트리트에서 한 번쯤 자신을 놔 버리는 것도 좋다.

팝스트리트는 나이트마켓, 올드마켓과 붙어 있어 시장 구경하기도 좋다. 시장에서는 흥정을 잘하면 반값이다. 이곳을 다니다 보면 서너 시간이 금방 간다. 팝스트리트의 밤은 앙코르 제국이 다시 부활하는 시간이다. 자정을 넘기며 앙코르 제국의 네온이 꺼지면 지금의 캄보디아의 왕국으로 다시 돌아온다. 매일 밤 팝스트리트는 이렇게 앙코르 제국과 캄보디아 왕국을 반복한다.

밤마다 small world로 변하는 팝스트리트

★ Tip ★

시엠립 여행 정보

Sightseeing

■ 앙코르 유적군

앙코르 유적 글 참조(59p~115p)

■ 돈레삽 호수

돈레삽 글 참조(169p~183p)

■ 전쟁박물관

캄보디아 전쟁 시기의 무기가 전시되어 있다. 총, 야포, 탱크는 물론 헬리콥터, 전투기까지 있다. 대부분의 무기가 야외에 그대로 방치되어 녹슬고 망가져 오히려 전쟁의 참상을 더 적나라하게 보여 주고 있다. 2001년에 개관하였으며 시내에서 공항 가는 길 중간 우측에 있다.

- 개방 시간 07:30~17:30
- 입장료 5달러

■ 앙코르 국립박물관

2007년 개관하였으며 8개의 갤러리로 구성되었다. 비디오 상영관에서 크메르 역사 및 앙코르 유적에 대한 설명을 들을 수 있다. 많은 앙코르 유적이 전시되어 있다. 전시된 것 중 일부는 복제품도 있다. 시내 중심가에 있어 걸어갈 수 있으며 면세점 건물과 붙어 있다.

• 개방 시간 08:30~18:30
• 입장료 12달러

■ 압사라 춤 공연

앙코르의 미소(Smile of Angkor) 공연장이 유명하다. 이곳에서는 한국어 자막도 제공한다.

• 공연 시간 19:30~20:40
• 입장료 20~40달러

이곳 외에도 쏘카 호텔, 앙코르 빌리지 호텔, 쿨렌 레스토랑 등 여러 곳에서 식사를 겸해 소규모로 공연을 한다. 뷔페로 저녁 식사를 하면서 공연을 즐길 수 있다.

• 가격은 대략 12~25달러.

■ 민속촌

캄보디아 전통을 경험할 수 있는 곳이다. 공항 쪽으로 가다 보면 좌측, 시내 가까이에 있다. 데이트하기에 알맞은 장소라고 할 만큼 잘 꾸며져 있다. 호수 및 소수민족 전통 마을 등이 있으며 다 돌아보는 데 두 시간 정도 걸린다. 시간대별 공연 계획이 있는데 소수민족의 전통춤 공연 외에 전통 혼례, 공작새 공연 등도 있다.

- 개방 시간 08:30~17:30
- 입장료 15달러(여행사에서 구매하면 10달러)

■ 팝스트리트

이곳은 저녁부터 차량 통행이 금지되고 외국인들이 모여든다. 펍과 레스토랑, 바에서는 흥겨운 음악이 흘러나오고 황홀한 네온이 거리를 밝힌다. 크메르 음식은 물론 퓨전 음식, 맥주와 음료를 맛볼 수 있다. 길거리 먹거리도 풍부하여 구경하며 먹는 재미도 좋다. 가격은 좀 비싼 편이다. 나이트마켓과 올드마켓이 바로 붙어 있어 쇼핑하기에도 좋다.

Tour

■ 자유 여행

시엠립은 세계 각지에서 관광객들이 모여드는 곳이다. 대부분이 자유 여행이다. 인터넷 정보도 충분하기에 여행 계획을 잘 짜면 자유롭게 여행할 수 있다. 앱으로 툭툭이나 택시를 부르기도 쉽다. 앱으로 정확한 요금이 계산되므로 바가지 쓸 걱정도 없다. 다만 외곽으로 멀리 간다면 사전에 가격을 흥정해야 한다. 자유 여행에서는 가는 목적지를 정확히 얘기하는 것이 중요하다. 툭툭이나 택시 앱으로는 'passapp', 'wegoapp', 'grabapp'이 있다.

■ 앙코르 유적 투어 상품

앙코르 투어는 1일, 3일, 7일 티켓을 결정하고 그에 맞게 가이드를 섭외하면 된다. 가이드는 묵고 있는 숙소의 데스크에 문의하면 된다. 가이드는 Small tour, Big tour로 구분하여 유적지를 안내한다. Small tour는 한국어 가이드는 하루 50달러이며 앙코르와트, 앙코르톰, 코끼리테라스, 따프롬 사원이 주 코스다. 하루 일정에 맞춰 코스가 정해진 것이라 더 가고 싶어도 시간이 부족하다. 따라서 더 많은 곳을 가고 싶다면 2~3일의 일정으로 코스별로 계획을 짜는 것이 좋다. 티켓은 1일 37달러, 3일 62달러, 7일 72달러이며 티켓 판매 시간은 04:30~17:00이다.

* 헬리콥터를 타고 앙코르와트를 상공에서 보는 투어도 있다. 10분 정도 상공을 비행하며 100달러이다. 시엠립 공항 국내선에서 탑승한다. 티켓은 여행사, 호텔 등 구입이 쉽다. 예약을 하면 차량이 데리러 온다(홈페이지 www.helicopterscambodia.com).

■ 돈레삽 투어 상품

돈레삽 투어는 껌뽕플럭 마을을 통해 맹그로브 숲을 보고 돈레삽으로 가는 코스가 일반적이다. 돈레삽 호수 안의 쫑크니어 마을로 가는 투어 상품도 있다. 두 곳이 멀리 떨어져 있고 가는 길도 달라 한 번에 다 가 볼 수는 없다. 티켓은 숙소나 시내에 한 집 건너 하나씩 있는 여행사 어디서나 쉽게 구입할 수 있다. 석양을 보는 돈레삽 코스는 오후 1시에 출발하여 저녁 7시에 돌아온다.

• 가격은 20~25달러.

House

■ 숙소 예약

시엠립 시내에는 인터넷으로 예약이 가능한 600~700개의 호텔과 게스트하우스가 있다. 숙박은 걱정하지 않아도 될 정도로 남아돈다. 그래서 가격도 저렴하다. 충분한 시간을 갖고 부킹닷컴, 트립어드바이저, 아고다, 호텔스컴바인 등 사이트를 통해 미리 예약하면 좋은 호텔도 싸게 예약할 수 있다. 팝스트리트, 올드마켓 주변이 가격이 조금 비싼 편이다. 중심가에서 떨어져 있을수록 가격이 싸다. 걷거나 툭툭을 타면 되기에 가성비 좋은 호텔을 찾을 수 있다. 시엠립 시내에는 3~4성급 호텔은 물론 5성급 호텔도 많다. 좋은 곳은 150~300달러 정도 되지만 30~50달러에도 조식이 포함되고 수영장이 딸린 괜찮은 곳이 많다.

■ 크메르 음식

크메르 전통 음식의 느끼함이나 매운맛을 줄이고 외국인의 입맛에 맞게 요리한다. 아목 등 다른 곳에서는 쉽게 접하기 어려운 크메르 전통 음식도 많다. 팝스트리트 주변에 많으며 가격은 다소 비싼 편이다. 5~8달러 정도. 하지만 현지인 식당에서는 2~3달러이면 충분하다. 현지인 식당에도 볶음밥류, 돼지고기 숯불구이 등 한국인 입맛에 맞는 크메르 음식이 많다.

크메르키친 092477730 / 카페인도차이나 레스토랑 012964533 / 트래디셔날크메르푸드 레스토랑 070808070 / 아목 레스토랑 (아목요리 전문점) 078845937

■ 퓨전 음식

스파게티, 피자와 맥주, 음료를 곁들여 먹을 수 있는 곳은 셀 수 없이 많다. 안졸리나 졸리가 다녀갔다는 레드피아노는 팝스트리트 중앙에 있다. 이런 곳은 분위기 때문에 가지만 가격이 다소 비싼 편이다.

레드피아노 092477730 / 템플푸드 비버리지 0967990000 / fifty5 키친바 017707427

■ 각국의 음식

인도 음식, 키리왈라 063965451 / 봄베이키친 인디안 레스토랑 063766357

멕시칸 음식, 비바 012275463

프랑스 음식 le malraux 012229926

이탈리아 음식 ecstatic 012436869, la pasta 0962826127

■ 한국 음식

크고 작은 한국 식당도 많다. 그중에서도 한국 사람들에게 많이 알려진 식당은 대박 식당이다. 한국에서 먹는 음식맛과 같다.

대박 식당 092355811

■ coffee shop

작년에 스타벅스가 오픈했다. 브라운커피도 대형 면적에 최고의 시설을 갖추고 있다. 크고 작은 로컬 커피숍, 아이스크림 가게는 길거리 곳곳에 있다.

Transportation

■ 비행기

인천공항~시엠립은 5시간 반 걸린다. 에어서울이 주 3~4회 운항한다. 시엠립 공항에서 시내는 6km로 비교적 가깝다.

■ 버스

시엠립에는 전국 어디나 가는 버스가 매일 있다. 주요 도시는 인터넷으로 예약이 가능하다. 캄보디아에서 가장 큰 버스회사는 phnom penh sorya다(홈페이지 https://ppsoryatransport.com.kh/). 그 외에도 bayon vip, mekong express, virak buntham, capitol bus 등 많다. 대개 15인승 밴으로 운행하지만 디럭스 버스도 있다. 통합버스인터넷 예약 사이트를 통해 전국 어디나 예약이 가능하다(홈페이지 www.bookmebus.com).

* 시엠립에서는 태국 방콕으로 가는 버스도 있다. 방콕까지 거리는 465km로 8~9시간 걸린다. 태국에서 온다면 포이펫 국경을 넘어 150km 더 오면 시엠립이다.

주변의 흩어져 있는

사원을 걸으며 듣는 새소리, 바람 소리, 그리고 발자국 소리

앙코르 제국의 사원은 드넓은 숲속에 자연과 함께 조화를 이뤄 배치되었다

3부

또 다른 앙코르 제국, 껌뽕톰과 반띠민쩨이

앙코르 제국의 탄생을 미리 알린 첸라의 수도, 썸보쁘레이쿡

앙코르 제국은 어느 날 갑자기 탄생한 것인가? 물론 그렇지 않다. 6세기 말에 탄생한 첸라 왕조는 이샤나바르만 왕(616~635)이 집권하면서 푸난을 정복하고 썸보쁘레이쿡 지역에 수도를 건설한다. 썸보쁘레이쿡은 앙코르 제국의 탄생을 알리는 전조였다. 껌뽕톰주에는 첸라 시대의 유적지가 많은데 대표적인 곳이 그 당시 수도였던 썸보쁘레이쿡이다. 시엠립에서 남동쪽으로 150㎞ 떨어져 있어 앙코르 유적을 방문하는 관광객들이 이곳을 같이 방문하기는 쉽지 않다.

여러 차례 시엠립의 앙코르 유적을 방문했던 나는 앙코르 제국의 뿌리가 궁금했다. 썸보쁘레이쿡 사원은 평지 숲속에 묻혀 있다. 주변으로 100개가 넘는 사원이 흩어져 있고 그 중심에 썸보쁘레이쿡 사원이 있다. 이 지역을 흔히 썸보쁘레이쿡 사원(군)이라고 말한다. 모두 힌두교 사원이다. 오랫동안 숲속에 묻혀 있던 이곳은 일본 NGO단체에 의해 다시 태어나는 중이다. 하지만 이제 시작이라 몇 십 년이 걸릴지도 모른다. 이곳은 2017년 세계문화유산으로 지정되었다.

썸보쁘레이쿡 사원은 껌뽕톰주 주도인 스텅싸엔 시내에서 북쪽으로 25㎞ 떨어져 있다. 시내에서 15달러에 툭툭 기사와 흥정을 마쳤다. 물을 사면서 박카스를 사서 기사에게 건네며 "꼬레" 하니 "어꾼" 한다. 꼬레(កូរ៉េ)는 코리아, 어꾼(អរគុណ)은 감사하다는 캄보디아 말이다. 박카스는 캄보디아에서 코카콜라 다음으로 많이 팔리는 음료다. 하지만 대부분의 사람들은 박카스가 한국 제품인지 모른다. 박카스 한 캔으로 한국과 캄보디아가 연결되니 맘이 뿌듯하다.

사원 가는 길 주변은 광활한 논이다. 누렇게 익어 가는 벼는 풍요로운 수확을 예고하고 있다. 요즘은 핸드폰으로 지도 검색이 되기에 "지금 어디쯤이냐?", "얼마나 더 가냐?" 물을 것도 없다. 그렇게 50여 분을 달려 도착했다. 이곳은 세계문화유산으로 지정되고 나서 입장료(10달러)도 생겼다. 주변에 산은 없고 평지이며 온통 숲이다. 산도 없고 물도 귀해서 이 도시에는 크고 작은 바라이(인공 저수지)가 많이 있었다. 지금은 바라이가 메꿔져 흔적을 찾기 어렵지만 1,400여 년 전 첸라 시대 수도로서의 면모를 갖췄던 건 틀림없는 사실이다.

입구에서 1㎞ 흙길로 더 들어가면 숲 사이에 나지막이 솟아 있

앙코르 제국의 뿌리, 썸보쁘레이쿡 사원의 일부

는 사원들이 보인다. 첫눈에 보이는 것은 썸보쁘레이쿡 사원. 사원의 탑, 담장 등 대부분이 무너져 온전한 것이 없다. 이 시기에는 연와(황토를 말린 벽돌)나 라테라이트 벽돌(철분과 알루미늄이 함유되어 자연스럽게 돌처럼 딱딱해진 황토 벽돌)을 주로 사용하였기 때문에 더 그렇다.

사원 전체를 파악하는 것이 쉽지 않지만 중앙성전탑을 중심으로 네 모서리에 탑이 보인다. 그리고 그 사각 탑 바깥으로 또 큰 사각의 네 모서리에 탑이 있고 탑과 탑 사이에 탑이 하나씩 더해 모두 8개 탑의 기단 흔적이 있다. 그 바깥으로 또 사각에 8개의 탑이 있었는데 지금은 흔적도 없이 평평한 땅이다. 중앙성전탑과 네 모서리 탑을 제외하면 흔적이 거의 없지만 무너진 담장을 보면 사원은 정사각형으로 지어졌으며 한 면이 600m 정도로 무척 컸음을 알 수 있다. 중앙성소에서 머릿속으로 사원 전체를 그려 보니 상상 속의 웅장한 사원이 나타난다. 첸라 시대의 위대한 수도의 모습이다.

이곳은 25㎢의 거대한 도시며 썸보쁘레이쿡 사원을 중심으로 반경 2~3㎞가 도시의 중심이었다. 베트남 전쟁 시기(1960~1975)에 이곳은 베트공의 은신처라 미군의 폭격으로 많은 사원이 소실되었다. 지금도 사원 곳곳에는 포탄의 상흔이 남아 있다. 전쟁의 아픈 역사가 첸라 시대의 찬란한 역사도 집어삼켰다. 그러나 무너졌다고 해서 역사가 없어지는 것은 아니다. 무너진 틈 사이에서 발견하는 역사는 더 흥미롭다.

썸보쁘레이쿡 사원 네 모서리 탑 안에는 링가와 요니가 있다. 링가와 요니는 앙코르 유적에서 빼놓을 수 없는 신성한 것이다. 힌두교에서 링가는 남자의 성기를, 요니는 여자의 성기를 의미한다. 즉, 링가와 요니는 합일된 상태에서 존재의 완전함을 나타내는 것이다. 링가와 요니는 기원을 의미하기도 하니 앙코르 제국의 역사는 이곳에서 태동한 게 확실하다.

●●● 첸라 시대의 링가와 요니

오른쪽 모서리 탑 안에는 머리와 팔이 잘려 나간 비쉬누상이 있다. 안내문에 모조품이라고 적혀 있다. 언젠가 프놈펜 박물관에서 진품 비쉬누상을 보고 머리와 손이 잘려 나간 모습에도 여전히 살아 있는 실루엣에 감탄한 적이 있다. 비쉬누상을 보듬고 있던 네 모서리의 탑은 안에서 위를 쳐다보면 정교하게 쌓아 올린 벽돌이 한 치 오차도 없이 솟구쳐 아크로바틱하다.

●●● 아크로바틱한 탑의 내부

썸보쁘레이쿡 사원(군)에는 세 개의 큰 사원과 주변에 수많은 작은 사원이 흩어져 있다. 이곳에는 앙코르 유적에서 볼 수 없는 육각의 탑도 여러 개 있다. 예이뽀안 사원에도 육각의 탑이 있다. 탑의 모양이 마치 하늘을 향해 날 듯하다. 오래전에 아내, 두 딸과 함께 오대산 월정사에 간 적 있다. 팔각9층 석탑이 어찌나 정교하게 하늘로 솟아 있던지 성스러움을 느꼈다. 그만큼 팔각이나 육각은 사각에 비해 화려하다.

예이뽀안 사원 대부분의 탑이 무너졌는데 그나마 육각 탑은 보존 상태가 양호하다. 멀리서 보면 커다란 새가 금방이라도 날아갈 듯 날갯짓하는 모습이다. 흙벽돌에 새겨진 부조도 선이 살아 있다. 예이뽀안의 탑을 보니 첸라 시대 사람들이 떠오른다. 쌓아 올린 흙벽돌이 1,400여 년을 견딘 것도 놀랍다. 사암의 정교함에서 느낄 수 없는 투박하면서도 친근한 느낌은 앙코르 유적과는 전혀 다른 감동이다.

썸보쁘레이쿡 사원(군)은 화려한 앙코르 유적을 기대하면 재미가 없을 수도 있다. 하지만 무너져 내린 사원에 담긴 이야기며 오랜 세월 견뎌 온 흙벽돌을 보며 첸라 시대의 역사를 읽고 상상을 더하면 깊이 빠지게 된다.

예이뽀안 사원에서 삼백여 미터 떨어진 곳에 있는 따오 사원. 중앙성전탑 앞에 사자가 두 마리 있어서 붙여진 이름으로, 따오(តោ)는 사자를 뜻한다. 따오 사원은 중앙성전탑과 좌측의 육각 탑

●●● 예이뽀안 사원 육각 탑

을 제외하고 거의 무너져 무성한 풀이 사원 전체를 덮고 있다. 폐허의 공간에서 지난 숱한 시간의 기억을 엮으려니 혼란스럽다. 게다가 인적까지 드무니 쓸쓸함이 밀려온다. 이렇게 방치할 수밖에 없는 현실이 인생의 허무함을 표현하는 것 같다.

크든 작든 이곳 사원들은 자기 나름대로의 모습이 있다. 무너졌어도 보는 각도에 따라 여러 모습이 보인다. 그건 첸라 시대 사람들의 모습이다. 이샤나바르만왕은 왜 이곳에 수도를 정했을까? 이곳에서 2㎞ 떨어진 곳에 작은 강줄기가 있고 그 물은 스텅싸엔에서 만나 돈레삽으로 연결된다. 건기와 우기의 수량 차이가 극명한 캄보디아에서 물 관리는 절대적으로 중요하다. 수도를 중심으로 크고 작은 바라이(인공 저수지)가 많이 있었던 것도 그 이유다.

주변의 흩어져 있는 사원을 걸으며 듣는 새소리, 바람 소리, 그리고 발자국 소리. 이곳의 사원들은 드넓은 숲속에 자연과 함께 조화를 이뤄 배치되었다. 탑이 하늘로 높이 치솟지도 않고 숲에 묻혀 있다. 이 안에서 앙코르 제국이 시작되었다. 이곳은 첸라 역사와 앙코르 역사가 역시 한 몸이라는 것을 보여 주고 있다.

껌뽕톰의 주도인 스텅싸엔을 캄보디아 사람들은 아직도 옛 이름 그대로 껌뽕톰으로 부른다. 시내 중심가에 있는 시장 이름도 껌뽕톰 시장이다. 이른 아침 시장을 둘러보는데 특이하게 물고기 잡는 도구를 파는 가게들이 많다. 이 지역은 농업이 주를 이루지만 스텅싸엔강에서 어업으로 생계를 유지하는 사람도 있다. 스텅싸엔강은 시내를 반으로 가르며 흐른다. 이 강은 흘러 흘러 돈레삽

호수로 연결된다. 강에는 오래된 다리와 새로 놓은 다리가 나란히 있다. 오래된 다리는 사람 통행만 가능한데 녹슨 철근이 삐죽삐죽 보이지만 위험할 정도는 아니다. 강폭이 좁아 그 다리를 걷다 보면 어린 시절 동네 앞 개울가 돌다리를 건너던 추억이 떠오른다.

다리 앞의 노점에서 놈빵바떼*를 사서 먹으며 다리를 건넜다.

길거리에서 아침을 파는 모습은 캄보디아 어디나 비슷하다. 놈빵바떼는 캄보디아 사람들이 쌀국수(꾸이띠우*), 쌀죽(버버*)과 함께 아침 식사로 많이 먹는 바게트 샌드위치다. 걸으며 먹기도 좋아 나는 캄보디아 살면서 가끔 놈방바떼를 먹으며 아침 산보를 하곤 했다.

껌뽕톰은 큰 산도 없어 이곳에 호랑이가 살았다고는 믿기지 않는다. 그래서 껌뽕톰의 상징물에 호랑이가 있는 것이 좀 의아스럽다. 하지만 이곳 사람들은 오래전엔 이곳에 호랑이가 많았다고 믿고 있다. 두 마리의 호랑이와 싸우는 코끼리. 껌뽕톰의 상징물이다. 상징물에서 호랑이는 코끼리의 상대가 되질 않는다. 코끼리는 캄보디아에서 영험한 동물이다. 그래서일까, 앙코르 유적 부조에는 수많은 코끼리가 등장한다. 앙코르톰의 코끼리테라스는 실제 크기의 수많은 코끼리 동상이 테라스를 받치고 있다. 캄보디아의 역사에서 코끼리는 빼놓을 수 없는 존재다. 껌뽕톰의 코끼리 상징물은 첸라 시대와 앙코르 제국 시대를 산 코끼리의 역사를 말하고 있었다.

껌뽕톰주에서 주정부 주관으로 새해맞이를 하는 곳은 썸보쁘레이쿡 사원이 아닌 프놈썬뚝 사원이다. 프놈썬뚝 사원은 시내에서

*놈빵바떼, 꾸이띠우, 버버: 부록 "캄보디아 전통 음식" 참조

껌뽕톰의 상징물인 코끼리 상과 앙코르 톰의 코끼리테라스

17㎞ 떨어져 207m 산 정상에 있는 사원이다. 산 정상에는 바위를 깎아 만든 10m가 넘는 길이의 와불상도 있다. 입구에 도착하여 툭툭 기사가 "꼬레(កូរ៉េ)" 하고 외치니 매표원이 "투돌라(2달러)" 하며 손으로 V자를 그린다. 마치 그들만의 암구호를 외치는 듯 죽이 잘 맞는다.

사원은 809개의 계단을 걸어 오르는데 계단 옆으로 아이들이 손을 내민다. 캄보디아 관광지에서 흔히 보는 광경이다. 대개 100리엘(0.025달러)을 주는데 입구에서 100리엘 뭉치를 바꿔 주는 사람이 있다. 만 리엘(2.5달러)을 바꾸면 100장이다. 캄보디아에서는 "돕는다"라는 표현을 쓰지 않는다. "줘서 내가 기쁘다"라고 말한다.

껌뽕톰을 떠나는 날, 버스를 기다리며 시간이 남아 근처 식당에 들어갔다. 나는 무슨 음식을 시키든 고추를 잘게 썰어 달라고 해 밥에 비빈다. 김치가 없는 캄보디아에서 볶음밥이나 맨밥에 고추를 섞어 느끼함을 없애기 위해 터득한 나만의 방법이다. 하지만 캄보디아 고추는 아주 매워 많이 먹으면 속이 얼얼하다. 너무 매워 연거푸 얼음물을 찾았더니 오히려 주인아저씨가 어쩔 줄 몰라 하며 미소 짓는다. 아저씨의 미소가 첸라 시대 사람들의 미소를 닮았다.

★ Tip ★

껌뽕톰 여행 정보

Sightseeing

■ 썸보쁘레이쿡 사원(군)

시내에서 북쪽으로 25㎞ 떨어져 있는 첸라 시대 유적지로 2017년 유네스코 세계문화유산으로 등재되었다. 앙코르 제국이 태동한 곳이다. 이샤나바르만(616~635) 시대의 수도로서 주변 숲에는 140여 개의 사원이 있었다고 한다. 그러나 이 시대의 사원은 대부분 라테라이트벽돌(황토 흙벽돌)로 만들어졌기에 온전한 것을 찾기 어렵다. 썸보쁘레이쿡 사원이 가장 규모가 크고 보존이 잘되어 있다. 썸보쁘레이쿡 사원에서 1.5㎞ 아래쪽에는 예이뽀안 사원이 있고 그 근처에 따오 사원이 있다. 세 개의 사원

•••

외에도 썸보쁘레이쿡 사원(군)은 넓게 퍼져 있어 한가롭게 걸으며 많은 사원들을 볼 수 있다. 입장료는 10달러.

■ 엔트리썸위렉 사원

스텅싸엔 다리 인근에 있는 시내의 사원. 규모가 크고 새로 지은 중앙 사원은 무척 아름답다. 경내에 수많은 조각상이 있어 산보를 겸해 걸어도 좋다.

■ 껌뽕톰 박물관

시내에서 1.5㎞ 떨어져 있다. 박물관 내부 정리가 안 되어 어수선하다. 대부분의 유적이 앙코르 제국 이전의 것으로, 자세히 보면 나름 느낌이 다르다. 입장료는 없다.

■ 올드브릿지

스텅싸엔 시내 중심을 흐르는 스텅싸엔 강의 다리로서 지금은 새로운 다리가 옆에 세워져 있다. 사람만 통행이 가능하다.

■ 코끼리 껌뽕톰 상징물

코끼리가 두 마리의 호랑이와 싸우는 형상물로 호랑이 두 마리가 코끼리에 밟히고 매달린 모습이다. 코끼리는 캄보디아에서 가장 사랑받는 동물이다. 껌뽕톰 시장에서 동쪽 방향으로 조금만 걸으면 있다.

Tour

■ 자유 여행

웬만한 곳은 툭툭으로 다닐 수 있다. 거리에 따라 가격도 정해져 있다. 썸보쁘레이쿡 사원 왕복은 15달러, 프놈썬뚝 사원은 10달러. 껌뽕톰은 투어 상품이 없으니 미리 스케줄을 짜서 툭툭을 이용해야 한다.

House

■ 숙소

중심가에 호텔, 게스트하우스가 많다. 일박에 10~20달러. 숙소 예약 사이트에서 미리 예약해도 좋지만, 현지에서도 충분히 숙소를 구할 수 있다.

Dining

■ 크메르 음식

시내의 현지 식당은 다양한 캄보디아 음식을 제공하고 있다. 한국인의 입맛에 맞는 음식도 많아 큰 어려움이 없다. 가격은 조금 비싼 편이다. 돼지고기볶음밥 2.25달러.

아룬라스(arusras restaurant) 010552222 / 스텅싸엔(stengsen restaurant) 012970234 / 껌뽕톰(kampongthom restaurant) 061221081

■ coffee shop

캄보디아의 카페는 다양한 크메르 음식도 제공한다. 깨끗한 시설의 커피숍에는 젊은이들이 많다.

The third place coffee 081658378

Transportation

■ 시내

툭툭을 이용하면 된다. 가격도 비싸지 않다. 툭툭은 길거리 어디에나 많다.

■ 도시 간 이동

6번 국도의 중심 도시인 스텅싸엔을 통과하는 차량은 많다. bayon vip, mekong express, virak buntham, capitol bus 등. 다만 인터넷 예약이 안 되므로 시내의 길거리 매표소에서 표를 구매해야 한다.

무너져 내린 작은 앙코르톰,
반띠츠마

태국과 국경을 접하고 있는 반띠민쩨이주는 앙코르 제국이 망한 뒤 바탐방주와 함께 태국 영토였다가 프랑스보호국 시대인 1907년 되찾았다. 바탐방주에 속해 있던 반띠민쩨이는 1988년 분리되었다. 반띠민쩨이주의 주도인 시소폰시. 정들면 고향이다. 캄보디아에서 2년 살면서 대부분의 시간을 이곳에서 보냈다. 작은 도시가 내겐 제2의 고향처럼 푸근하다. 변방인 이곳에도 요즘 대형마트나 비싼 커피숍이 생겼다. 하지만 이곳은 여전히 시간이 느리게 간다. 다들 표정이 여유롭다. 모르는 사람을 만나도 먼저 미소 짓는다.

태국에서 캄보디아로 오기 위해 국경을 넘으면 포이펫, 거기서 45㎞ 더 들어오면 시소폰이다. 반띠츠마 사원은 시소폰에서 북쪽으로 60㎞ 떨어져 있다. 반띠츠마 사원에 가는 길은 시소폰에서 출발한다. 시소폰이 반띠츠마 사원과 가장 가까이 있는 도시다. 시소폰에 살고 있는 나는 맘만 먹으면 하루에 반띠츠마 사원을 갔다 올 수 있다. 남들이 가 보기 힘든 앙코르 유적을 가까이 둔 셈이다.

반띠츠마 사원은 앙코르 제국의 가장 위대한 왕인 자야바르만 7세(1181~1215)가 짬파국과의 전쟁에서 죽은 아들을 위해 지었다고 한다(하지만 정확한 기록은 없다). 반띠츠마 사원은 작은 앙코르톰으로 불린다. 1.9㎞×1.7㎞ 해자로 둘러싸여 있는 사원은 작은 도시였다. 반띠츠마 사원은 2006년부터 APLC라는 NGO단체가 복원을 시작하였지만 거의 다 무너져 복원이 불가능한 데다가 많은 자금이 필요한데, 후원금만으로 운영하다 보니 진척이 없다. 무너진 사원 반띠츠마, 남들이 거기 뭐 볼 게 있냐고 하지만 나는 이 사원이 너무 좋다. 무너진 것들이 많은 걸 생각하게 하는 곳이다.

반띠츠마 사원을 가기 위해서는 툭툭을 빌리거나 4명이 합승하는 택시를 타야 한다. 툭툭은 혼자서 하루 이용으로 20달러이며 택시는 가는 데만 5달러이다. 무너진 사원 탓도 있지만 교통이 불편하여 사람이 많이 찾지 않는 곳이라 한적하다. 반띠츠마 사원은 동서남북으로 어느 방향으로나 해자를 건너는 길이 있다. 하지만 북서쪽은 사람 다닌 흔적이 없어 진입이 불가능하다. 매표소는 동쪽에 있다.

3D로 복원한 사진을 보면 사원은 동쪽 입구에서부터 서쪽으로 길게 이어져 있으며 서쪽 편에 약간 치우쳐 중앙성소가 있다. 중앙성소를 지나 서쪽으로 갈수록 많은 건물이 모여 있다. 나는 갈

때마다 남문으로 들어간다. 동서의 정중앙인 남문으로 들어가서 서쪽에서부터 동쪽으로 가는 것이 사원 전체를 파악하기 쉽기 때문이다.

남문 해자를 건너면 입구를 화려하게 장식했던 고푸라(입구 문)는 밑기둥 돌만 남았다. 외부 성벽은 수풀 사이에 무너질 듯 힘들게 서 있다. 동쪽 성벽은 완전히 없어져 버렸으니 남쪽은 그나마 다행이다. 해자 다리를 건너 내부 성벽까지는 평지의 숲이 되어 버려 옛 사원의 흔적을 찾을 수 없다. 사원의 붕괴가 생각보다 심각하다는 것을 알 수 있다.

내부 성벽과 마주치면 무너져 내린 돌덩이다. 마치 폭격을 맞은 것 같다. 곳곳이 무너져 내렸지만 버티고 서 있는 성벽의 부조는 선명하다. 남쪽 성벽의 30m는 이십여 년 전 도굴꾼에 의해 도굴되어 태국으로 반출되었다가 되찾아 세웠다고 한다.

반띠츠마 사원의 유명한 부조, 서쪽 내부 성벽에 있는 로케쉬바라 부조다. 32개의 팔을 가진 로케쉬바라(관세음보살)는 반띠민쩨이주의 상징물로 시소폰 시내 삼거리에 세워져 있다. 로케쉬바라 부조 앞의 작은 단상에는 지금의 가난에서 벗어나기를 바라는 염원이 담긴 수많은 촛불이 켜져 있다. 캄보디아 현실에서 앙코르 제국은 너무나 먼 얘기다.

서쪽에는 내부 성벽을 복원하는 작업이 한창이다. 일련번호가 매겨진 돌들이 수없이 바닥에 깔려 있다. 언제 이 사원을 다 복원

●●● 무너진 반띠츠마 사원

할지는 모르겠지만 몇 달 전 왔을 때보다 내부 성벽이 조금씩 싸여 가니 다행이다.

●●● 반띠민쩨이주의 상징물, 로케쉬바라 동상 / 반띠츠마 사원 성벽의 로케쉬바라 부조

내부 성벽 안으로 들어갈수록 돌덩이가 산처럼 싸여 있는 것은 중앙성소 주변을 감싸고 있던 수많은 탑들이 무너졌기 때문이다. 바닷가 바위를 딛듯이 조심스럽게 무너진 돌덩이를 디디며 다녀야 한다. 무너진 돌덩이 사이에서 언뜻 미소가 비쳐 보인다. 무너져 내린 가운데서도 바이욘의 얼굴은 여전히 미소를 머금고 있다. 반띠츠마 사원의 모든 탑에는 부처상이 조각되어 있다. 그리고 중간 중간 사면상의 바이욘 얼굴이 있다. 그래서 반띠츠마 사원을 작은 앙코르톰이라고 부른다.

●●● 무너진 돌덩이 속 바이욘의 미소

무너진 돌덩이를 딛고 다니며 사원의 흔적을 발견하는 것이 쉽지 않다. 하지만 얼마나 많은 사람들이 이 사원(도성) 안에 살았을지는 짐작이 간다. 앙코르 제국이 흔적도 없이 사라졌다는 것이 이곳에서는 더욱 안타깝게 다가온다. 제일 먼저 복원을 시작한 동쪽 입구는 상당 부분 복원이 이뤄진 상태다. 동쪽 성벽에 새겨진 수많은 부조가 나에게 뭔가를 말하고 있다. 그들은 이 사원이 이처럼 철저하게 무너질 거라고는 생각지 않았을 것이다. 그들은 나에게 사원이 무너진 이유를 묻고 있었다.

반띠츠마는 지명으로 지금도 작은 마을이다. 자야바르만 7세는 짬파국과의 전쟁에서 승리한 후 태국과 미얀마까지 진출하기 위해 서쪽의 중심도시로 반띠츠마를 택했고 반띠츠마 사원을 중심으로 큰 도시를 만들었다. 이곳에서도 바라이(인공저수지)는 필수 시설이었다. 반띠츠마 사원에서 동쪽 가까이에 있는 바라이도 1.6㎞×0.8㎞로 무척 크다. 물이 빠진 바라이 한쪽에는 벼가 자라고 있다. 바람에 흔들리는 벼이삭이 왠지 쓸쓸하다.

주변의 사원 대부분도 숲속에 그대로 있다. 어떤 사원은 진입이 어려울 정도다. 타넨 사원이나 썸낭 사원에 가기 위해서는 숲길을 헤치고 가야 한다. 이런 곳을 갈 때는 캄보디아에서는 특히 말라리아를 조심하라는 말이 떠올라 오싹해진다. 하지만 숲을 헤치고 가까이 가면 숲속에서 바이욘의 얼굴이 환하게 나를 맞이한다. 바이욘의 얼굴은 말한다. 이곳에 온 외국인은 당신이 처음이라고….

숲속 바이욘의 미소는 이곳 말고도 예콤 사원, 쩬쩜뜨라이 사원, 따프롬 사원 등 도처에 흩어져 있다. 하지만 숲속에 방치된 사원을 보는 것은 찾아가는 고생만큼이나 보는 아픔도 크다. 우리는 완성된 것에 익숙하지, 무너진 것에 익숙하지 않다. 무너진 반띠츠마가 가난한 캄보디아 현실을 말하고 있는 것 같아 더욱 씁쓸하다.

무너진 반띠츠마 사원과 달리 내가 살고 있는 작은 도시 시소폰시는 요즘 많이 발전하고 있다. 나는 요즘 새로 생긴 커피숍에서

어린 스님의 탁발

가끔 아침으로 커피와 샌드위치를 먹기도 한다. 발우를 든 스님이 커피숍 앞에 선다. 스님이 아침마다 발우를 들고 집집마다 다니는 모습은 캄보디아에선 익숙한 풍경이다. 이곳의 스님은 맨발이다. 맨발의 의미는 내가 가진 것을 다 벗어 버린다는 뜻이다. 자신과 생태계, 즉 자신과 우주의 합치를 의미하기도 한다. 어린 스님의 탁발 모습을 보면 너무 귀여워 장난치고 싶은 충동을 느낀다. 하지만 캄보디아에서 스님이 어리다고 함부로 말을 걸거나 몸을 만지면 큰 결례다. 캄보디아는 불교 국가라 어린 스님에게도 깍듯이 예의를 갖추어야 한다.

●●● 초등학교 개구쟁이들

작은 도시라 그런지 이곳 아이들의 미소는 해맑다. 내 어린 시절을 회상하며 가끔 학교 운동장에 혼자 앉아 있으면 아이들이 말을 걸어온다. 내가 캄보디아 말로 웃으며 인사하면 '어~, 캄보디아 말 할 줄 아네?' 하는 표정으로 서로 깔깔대며 웃는다. 특별한 놀잇거리가 없지만 맨발로 신나게 뛰노는 모습에 내 어린 시절이 떠올라 나는 흐뭇하게 아이들을 쳐다본다.

캄보디아에서 살면 맘도 너그러워진다. 많이 가지려 하지 않으니 욕심이 없고 날씨가 더우니 옷차림도 수수하다. 요즘은 캄보디아 사람들과 내 모습이 비슷해진 것을 느낄 때가 많다. 이런 모습은 물질의 눈으로 보면 가난해 보일 수도 있지만 삶의 모습으로 보면 행복해 보인다.

반띠민쩨이 여행 정보

Sightseeing

■ 반띠츠마 사원(군)

자야바르만 7세가 짬파국과의 전쟁에서 숨진 아들을 위해 세운 사원이다. 반띠츠마 사원은 앙코르톰과 똑같은 형태로 지어졌으며 앙코르톰, 앙코르와트, 쁘레아칸 사원(껌뽕스와이)과 함께 앙코르 제국의 4대 사원 중 하나다. 1.9km×1.7km 해자로 둘러싸여 있는 사원은 하나의 도시다. 주변의 사원을 포함하여 반띠츠마 사원(군)이라고 말한다. 이곳은 내전이 치열했던 지역으로 2007년에야 지뢰가 제거되고 출입이 가능해졌다. 주변 사원들 대부분은 숲속에 방치되어 접근이 쉽지 않다. 시소폰에서 북쪽으로 60㎞ 떨어져 있다. 입장료는 5달러.

■ 반띠도프 사원

반띠츠마 사원에서 12㎞ 떨어진 남쪽에 있다. 시소폰에서 반띠츠마 사원으로 가기 전에 들르는 것이 좋다. 세 개의 탑이 무너질 듯 웅장하게 서 있다.

■ 썸낭 사원

반띠츠마 사원에서 2㎞밖에 안 떨어져 있지만 숲속에 묻혀 있다. 숲을 헤치고 들어가야 해서 접근이 쉽지 않지만, 무너진 돌덩이 숲을 지나 가까이 가면 신비의 모습이 드러난다. 그 앞에 서면 영화 〈인디아나 존스〉의 주인공이 된 느낌이다.

■ 뜨러뽀앙트마 야생조류보호구역

시소폰에서 북동쪽 40㎞ 지점에 있는 저수지다. 시엠립 방향으로 가다가 쁘레아넥에서 좌측으로 들어간다. 크기가 바다라고 해도 믿을 정도로 크다. 이 저수지는 크메르루즈 시대에 강제 노역으로 건설되었다. 큰두루미 등 200여 종의 야생조류가 살고 있다.

Tour

■ 자유 여행

최근에 툭툭(오토바이를 개조한 삼륜 오토바이)이 생겼지만 모토(오토바이)가 많다. 시소폰 시내는 크지 않고 차량도 많지 않아 모토를 타고 다녀도 된다. 태국으로 가는 교통 요지이기에 시엠립, 바탐방, 포이펫으로 가는 택시는 많다. 4인 합승 1인 5달러.

■ 투어 상품

시소폰에서 출발하는 반띠츠마 1박2일 코스가 있다. 반띠츠마에서 홈스테이를 하며 반띠츠마 사원(군) 관광 및 캄보디아 문화 체험, 전통 공연, 야외 피크닉, 바이크 체험 등을 한다. 가격은 50~100달러. 여기에는 반띠츠마 사원 복원기금이 포함되어 있다.

House

■ 숙소

시소폰 시내에는 싸고 좋은 호텔과 게스트하우스가 많다. 일박에 15~20달러이면 이곳에서는 최고 좋은 호텔이다. 현지에서도 충분히 숙소를 구할 수 있다.

피라미드 호텔 0546688881 / 나사 호텔 011777702 / 엠비 호텔 0968521623

Dining

■ 크메르 음식

시소폰 시내 대부분의 식당이 크메르 식당이다. 하지만 한국인의 입맛에 맞는 볶음밥류, 돼지고기, 닭고기숯불구이 등도 있어 먹는 데 큰 어려움이 없다. 가격도 1.5달러 정도로 저렴하다.

레드칠리(redchili restaurant) 012771027 / 프놈스와이 081522293 / 프떼아보린 089434325

■ 그 외 음식: 꼬랑프놈

시소폰에서 유명한 소고기샤브샤브 음식이다. 불판 가운데가 우뚝 솟아 한국식 불고기판과 비슷한데 그것을 프놈(산이라는 뜻)이라고 이름 붙여 음식 이름이 되었다. 불판에 쇠고기를 굽고 불판 둘레에는 육수를 붓고 각종 야채를 넣고 끓인다. 해산물을 구워 먹기도 한다. 쇠고기를 석쇠에 올려 구워 먹는 요리도 같이한다. 2인이 먹을 수 있는 분량으로 5달러~8달러.

보쏘피어 099442424 / 미러 012654838 / 피크닉 011983983

■ coffee shop

캄보디아에서 커피 체인점을 제외한 커피숍에서는 볶음밥류 등 크메르 음식을 같이 제공한다. 값은 노천 식당에 비해 조금 비싼 편이다. 아메리카노 1.5달러. 돼지고기볶음밥 3.5달러.

토크2 012946946 / 팜카페 012408416 / 프떼아동 010324165(코코넛 아이스크림)

Transportation

■ 시내

툭툭, 모토가 있다. 인근 도시 포이펫, 시엠립, 바탐방으로 가는 택시는 많다.

■ 도시 간 이동

프놈펜 방향으로 5번 국도의 도시는 다 간다. 하지만 시엠립의 6번 국도는 시엠립에서 갈아타고 이동해야 한다. meanchey express, cambotra express, virak buntham, capitol bus 등 버스는 많다. 인터넷 예약이 안 되므로 버스회사 매표소에서 표를 구매해야 한다.

* 시소폰은 태국 국경과 가까워 방콕 가는 버스도 많아 맘만 먹으면 언제든지 방콕을 하루 이틀로 다녀올 수 있다.

이곳에 서면 광활하게 펼쳐진

바탐방의 곡창 지대가 한눈에 들어온다

드넓은 곡창 지대는 캄보디아의 희망을 말하고 있다

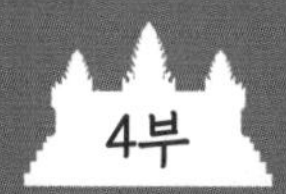

4부 혼자 떠나는 시간 여행

캄보디아의 젖줄,
돈레삽 호수

6천 년 전 지각변동으로 생겨난 거대한 호수. 동남아시아 최대 호수이며 세계에서 세 번째로 큰 호수 돈레삽. 2,700㎢ 면적에 250㎞의 길이로 캄보디아 국토의 15%를 차지한다. 우기에는 메콩강물이 역류하여 돈레삽으로 흘러들어 홍수 조절 역할을 하며 그때 돈레삽의 면적은 서너 배로 불어난다(제주도 면적의 5~6배).

건기에 육상에서 자란 유기물이 우기에 물에 잠기며 풍부한 영양분을 공급하고 다량의 플랑크톤이 발생하는 자연환경으로 인해 돈레삽에는 600여 종의 물고기가 서식하고 있으며 그중에는 100㎏이 넘는 물고기도 있다. 돈레삽은 캄보디아 사람들의 생활 터전이며 단백질 공급원이다. 특히 많이 잡히는 물고기, 리엘은 지금의 캄보디아 화폐 단위다.

●●● 동남아 최대의 호수, 돈레삽

돈레(ទន្លេ)는 강·호수를 뜻하며, 삽(សាប)은 싱겁다는 뜻이다. 거대한 돈레삽은 갈수록 수량이 줄고 있다. 비가 적게 오는 탓도 있지만 메콩강 발원지인 중국에 많은 댐이 건설되어 아래로 흐르는 물을 막고 있는 것도 원인 중 하나다. 캄보디아 다섯 개 주에 걸쳐 길게 이어진 돈레삽에는 물 위에서 생활하는 사람들이 많다. 유입량이 줄어들면서 돈레삽은 오염이 심해지고 물고기도 줄어 생활에 위협이 되고 있다.

돈레삽 외 메콩강 유역에도 수상마을이 많지만 돈레삽을 끼고 있는 시엠립주에 가장 많은 수상마을이 모여 있다. 시엠립을 찾는 관광객들이 많다 보니 이곳의 수상마을이 많이 알려졌다. 시엠립에 오면 수상마을은 필수 관광 코스다. 시엠립주 돈레삽에는 3개의 큰 수상 마을이 있다. 쫑크니어, 껌뽕플럭, 껌뽕클랑. 관광객들이 가장 많이 찾는 수상마을은 시엠립 시내에서 가까운 껌뽕플럭 마을과 쫑크니어 마을이다.

껌뽕플럭 마을이나 쫑크니어 마을은 가는 차편이 없어 혼자 움직이는 것이 쉽지 않다. 돈레삽 관광을 위해서는 시엠립 시내 어디서나 구입할 수 있는 투어 상품을 이용하면 좋다. 투어 상품은 하루 코스가 20~25달러 정도이며 가이드, 차량, 뱃삯이 포함된다. 대부분의 수상마을은 365일 물 위에서 생활하지만 돈레삽 지류를 타고 길게 마을이 형성되어 있는 껌뽕플럭 마을같이 우기에만 물에 잠기는 곳도 있다. 이런 마을은 우기와 건기의 모습이 전혀 다르다.

시엠립 시내에서 30㎞를 달리면 껌뽕플럭 마을로 들어가는 돈레삽 지류에 닿는다. 이곳에서부터 돈레삽 근처까지 3~4㎞에 걸쳐 마을이 형성되어 있다. 우기에 집이 물에 잠기지 않게 기둥을 받쳐 8m 높이로 집을 지었다. 즉, 우기에 물이 8m까지 차오른다

●●● 돈레삽으로 가는 배

는 뜻이다. 돈레삽은 매번 와도 새롭다. 배를 타고 2층으로 올라가면 석양을 보기에도 좋다. 2층 한쪽에 꼬맹이 녀석이 눈에 익어 자세히 보니 몇 달 전 왔을 때 탔던 그 배다.

강폭이 넓지 않은 지류는 올해 비가 많이 안 와서 그런지 우기인데도 깊이도 1~2m밖에 안 된다. 배의 스크루가 강바닥을 훑으며 나가는데 마치 쟁기질하는 모습이다. 강가 한쪽에는 벌거벗은 아이들이 신나게 수영하며 오후를 즐기고 있다.

꼬맹이 이름은 쏘포안, 11살이다. 주말이나 방학에 선장인 아버지를 도와 배를 탄단다. 내가 아는 체를 하자 내 옆에 와 앉는다. 배 엔진 소리가 크니 내 목소리도 커진다.

"쏘포안! 일하는 게 힘들지 않니?"

"괜찮아요."

"엄마는 집에 있니?"

"아니오. 아빠 옆에 있어요."

나는 배를 타면서 선장 아빠의 모습만 봤지, 그 옆에 누가 있는지를 몰랐다.

"일 끝나면 아빠가 용돈 좀 주니?"

녀석은 웃으며 고개만 끄떡인다. 얼마나 주냐고 묻는 것은 의미 없는 질문이다.

"나중에 커서 뭐가 되고 싶니?"

"행복한 가정을 가질 거예요."

거창한 대답을 기대했던 나는 어린아이의 꿈이라고는 생각지도 못했던 답을 듣고 잠깐 멍했다. 하지만 대부분의 캄보디아 사람들은 실제로 꿈이 이렇다. 행복한 가정. 사실 이보다 더 큰 꿈은 없다.

배가 이십여 분 달려 껌뽕플럭 마을에 도착했다. 강바닥에 박힌 집의 기둥이 숲을 이루고 있다. 기둥 사이로 껌뽕플럭 마을의 흙길이 보인다. 이 길은 한 달 뒤 물에 잠겨 걸을 수 없을지도 모른다. 배에서 내린 관광객들은 이 흙길을 걸어 마을을 구경한 후 다시 배를 탄다.

나는 쏘포안과 함께 걸었다. 길을 따라 마을이 양쪽으로 길게 이어져 있다. 좌측의 집이 강과 붙어 있는 집이다. 우측의 집도 같은 높이로 지어졌다. 쏘포안이 전봇대 위의 흙탕물 흔적을 가리키며 작년 우기에는 이만큼 물이 찼다고 말한다. 집들이 족히 2~3㎞는 길게 이어졌다. 700여 가구가 산다고 하니 마을 규모도 엄청 크다. 최근 캄보디아 내무부 통계 자료에 의하면 한 가구당 자녀가 평균 5명이라니까 여기 사는 사람들이 얼마나 많은지 가늠이 된다. 이곳에는 초등학교가 2개, 중학교가 1개가 있다. 365일 물 위에서 사는 수상마을과는 달리 이곳엔 전기가 들어온다. 물에 잠기지 않는 10개월은 캄보디아 여느 마을과 같다.

●●● 강바닥에 박힌 집 기둥이 숲을 이루는 껌뽕플럭 수상마을

캄보디아에 처음 와서 수상 가옥을 호기심으로 보던 때가 있었다. 하지만 지금 나는 그들의 살아가는 모습, 그 안을 들여다보는 것은 예의가 아니라는 것을 안다. 함께 걷던 쏘포안이 내 소매를 끌며 자기 집을 가리킨다. 쏘포안이 나고 자란 집이고 또 그의 자식들이 살 집이다.

●●● 쏘포안이 다니는 껌뽕플럭 초등학교

그때 옆집 할아버지가 반갑게 인사를 한다. 이곳에서 태어난 할아버지는 마을의 역사를 잘 알고 있었다. 이 마을이 생긴 지는 100년 정도 되었고 전부 다 크메르족이라고 한다. 17년 전 돈레삽이 엄청 불어나 지붕까지 잠긴 적이 있다고 했다. 쏘포안과 동행하며 나는 이 마을에 대해 더 많은 것을 알게 되었다.

쏘포안이 다니는 학교는 방학이라 썰렁하다. 몇 달 전 왔을 때 학용품을 사서 아이들에게 나눠 줬던 기억이 생생하다. 관광객들이 학교에 오면 학용품을 파는 아주머니들이 온다. 학생들을 위해 기부하라는 말과 함께 사기를 종용한다. 돈을 꺼내는 순간, 어디서 왔는지 아이들이 길게 줄을 선다. 이런 모습은 전형적인 관광지의 모습이다. 학용품을 사는 게 썩 내키지는 않았지만 그때 나는 어린아이들의 손을 잡아 보고 싶기도 했었다.

초등학교 밑에서 대기하고 있는 배를 타고 다음 행선지인 맹그로브 숲으로 향한다. 나와 쏘포안은 어느덧 친한 친구가 되었다.

"쏘포안! 무슨 공부가 제일 재밌니?"

"영어요."

"잉글리시?"

"예스."

나는 쏘포안이 왜 영어 배우기를 좋아하는지 안다. 돈레삽 투어배는 대부분 외국인들이기에 쏘포안 또한 간단한 영어를 할 줄 안다. 몇 마디 영어를 말하고 어깨를 으쓱하는 모습이 꽤나 귀엽다.

●●● 압사라 여신의 춤을 닮은 맹그로브 숲

맹그로브 숲은 물고기의 산란 장소, 은신처이며 먹이를 제공을 하는 유용한 숲이다. 돈레삽의 물고기는 맹그로브 숲이 고향이다. 맹그로브 나무뿌리는 물밑 10m까지 내려간다. 나무는 기이한 모양으로 감탄을 자아낸다. 똑같은 모양의 나무가 하나도 없다. 자유자재로 뻗어 오른 서로 다른 곡선이 하늘을 향해 춤을 춘다. 맹그로브 숲에는 많은 압사라 여신이 매일 물 위에서 춤을 추고 있다.

맹그로브 숲에도 길이 있다. 쪽배를 젓는 어린 사공은 숲 사이 난 길을 따라 잘도 간다. 이곳의 사공은 모두 껌뽕플럭 마을 주민으로 아주머니, 할머니, 아이 다양한데 어른 남자가 없는 게 특이하다. 개인 소유인 배는 오전 오후 한 번만 다닌다고 한다. 수요보다 공급이 많으니 나름대로 마을에서 정한 규칙 같다. 요즘은 관광객이 더 줄어 하루 한 번으로 줄어들까 걱정이란다. 마을 전체에 큰 배가 129대, 작은 배가 640대가 있다니 많기도 하다. 이들은 일을 마치면 배를 끌고 강가 집으로 퇴근한다. 쪽배는 영업용이자 자가용 차량이고 집 앞의 강은 주차장인 셈이다.

맹그로브 숲을 빠져나와 조금만 가면 거대한 호수를 만난다. 말로만 듣던 돈레삽, 바다 같다는 그 호수. 올 때마다 새롭다. 눈을 들어 저 끝을 본다. 수평선, 끝이 안 보인다. 이 순간 대부분의 사람들은 돈레삽을 바다라고 말한다. 호수 안으로 들어간 배는 석양을 기다리며 정박했다. 배가 정박한 곳 물의 깊이는 5m 정도. 여기에서부터 물길로 14㎞ 떨어져 서쪽으로 쫑크니어 수상마을이 있다.

그곳은 1년 내내 물 위에 떠 있는 마을이다. 우기 두 달만 물에 잠기는 껌뽕플럭 마을과는 삶의 환경이 많이 다르다. 365일 물 위에 떠 있는 그곳에는 마트, 병원, 학교 등 모든 시설이 물 위에 다 있다. 전기와 먹는 물은 스스로 해결하고. 쫑크니어 마을 가는 길은 시엠립 시내에서 남쪽 돈레삽 방향으로 13㎞ 정도로 가깝다. 그곳 선착장에서 배를 타고 4㎞ 정도 지류를 빠져나오면 돈레삽 호수에 이른다. 작년 쫑크니어 수상마을에 갔던 기억이 새롭다.

쫑크니어 수상마을로 나가는 지류는 폭이 넓다. 물줄기도 세차서 지류임에도 돈레삽의 기운을 느낄 수 있다. 삼사십 분을 가면 광활한 돈레삽 호수를 만난다. 쫑크니어 마을은 물 위에 7개의 마을이 있다. 마을도 넓게 퍼져 있고 그만큼 인구도 많아 5,800여 명이 물 위에서 살고 있다. 이곳 주민은 모두 베트남 사람들이다. 베트남 전쟁(1960~1975) 시기에 전쟁을 피해 이곳에 온 사람들이 전쟁이 끝난 후 마땅히 갈 곳이 없어 계속 이곳에서 지내고 있는 것이다. 당시 캄보디아 정부는 그들이 뭍으로 나오지 않는다는 전제하에 수상 거주를 허용했다.

지금 그들은 베트남 사람도 아니요, 캄보디아 사람도 아니다. 그렇다고 다른 세상 사람들은 아니다. 돈레삽 물 위의 그곳도 사람 사는 마을이다. 한국 선교단체에서 세운 물 위의 교회는 규모도 꽤 크다.

물 위에 사는 쫑크니어 사람들의 생업은 고기잡이다. 마트도 있지만 일용품을 파는 작은 배가 집집마다 다니기에 웬만한 생필품은 쉽게 구할 수 있다. 아침저녁으로 코코넛 껍질의 숯이나 나무로 조리하여 식사하고 가족과 함께 도란도란 앉아 시간을 보내는 모습은 뭍의 생활과 별반 차이가 없다. 개도 있고, 닭이나 돼지를 키

우기도 한다. 전기가 없지만 자동차 배터리를 충전하여 TV도 보고 선풍기도 튼다. 먹는 물은 큰 통으로 사서 먹는다.

건기에만 뭍이 되어 살든, 일 년 내내 물 위에서 살든 돈레삽을 삶의 터전으로 삼고 살아가는 사람들이 캄보디아에 아직도 많다. 돈레삽은 그들의 젖줄인데 갈수록 물고기가 적게 잡혀 걱정이라는 건 쫑크니어 마을이나 껌뽕플럭 마을이나 다 마찬가지다.

작년 쫑크니어 마을에서 봤던 석양을 오늘도 볼 수 있을까? 내 곁에 앉아 있던 쏘포안이 나를 쳐다본다. 왠지 오늘은 석양을 보기 힘들 것 같다는 표정이다. 나는 행운을 기다려 보자며 씽긋 웃었다. 그때 구름이 걷히고 강열한 석양이 비친다. 환호성 소리. 그리고 일순간 정적이 흐른다. 아름다운 석양에 대한 경외심이다. 돈레삽의 백미는 석양이다. 돈레삽은 이렇게 매일 저녁 거대한 의식을 치른다. 거대한 바다 돈레삽은 작은 우주다. 돈레삽에서 석양을 바라보고 있노라면 인간은 거대한 자연의 한 점도 안 된다는 것을 알게 된다.

●●● 돈레삽의 일몰

프놈펜에서 태국 국경까지 기차 여행

캄보디아에서 기차를 타는 것은 흔한 일은 아니다. 기차가 자주 다니지도 않고, 무척 느리기 때문이다. 기차 노선은 두 개다. 북부 노선은 프놈펜~포이펫, 남부 노선은 프놈펜~시아눅빌. 프놈펜에서 태국 국경 도시 포이펫 종점까지 철도 길이는 386㎞로, 11시간 걸린다. 느리게 갈 거라는 건 걸리는 시간만 봐도 짐작이 간다. 단선이고 일주일에 두 번 운행하는데 요일도 몇 달마다 바뀐다. 가격은 9달러로 싼 편이다.

캄보디아에서 철도는 교통수단 역할을 한다고 볼 수는 없다. 1970년대 내전으로 파괴되어 오랫동안 방치되었던 북부 노선 철도는 2006년 해외 원조로 복구 작업이 개시되었으나 지지부진하다가 아시아개발은행의 추가 자금 조달을 통해 2018년 7월에 개통되었다.

프놈펜에서 워크숍을 마치고 내가 살고 있는 시소폰으로 돌아가며 기차를 탔다. 기차역은 프놈펜 시내 한복판에 있다. 아침 7시 15분 출발이다. 이른 아침이라 주변은 한산하다. 대합실 안 커피숍에서 커피를 마시며 플랫폼을 바라본다. 플랫폼, 수많은 만남과 이별의 기억들. 플랫폼은 누구에게는 이별이지만 누구에게는 희망이다.

15분 먼저 출발하는 시아누빌행 기차가 떠나니 대합실이 더 썰렁하다. 프랑스에서 왔다는 중년의 친구들, 남아프리카 공화국에서 왔다는 가족, 그리고 현지인 대여섯 명. 플랫폼은 오늘도 그렇게 이야기를 만들어 내고 있었다. 내가 기다리는 기차는 화물칸에 짐을 싣는지 30분이 늦은 7시 45분에 출발했다. 기차는 두 칸의 승객 차량에 세 개의 화물칸이 이어져 있다. 태국 국경을 통해 빈번히 무역이 이루어지기 때문이다. 북부 노선은 승객보다는 화물 운송에 더 유용하게 활용된다.

기차가 움직이자 내 맘도 설렌다. 바탐방으로 여행 간다는 프랑스에서 온 세 사람은 지도를 펴고 대화 중이다. 그들도 느린 기차 여행을 기대하고 있는 듯하다. 11시간 동안 기차 안은 나만의 공간이다. 승객도 별로 없어 나만의 시간을 보내기에 딱 좋다. 프놈펜 시내를 벗어나며 허름한 집의 지붕을 스치듯 지나갈 땐 철로와 집이 부딪힐 정도로 가깝다. 철로를 끼고 사는 사람들의 삶이 고단해 보인다.

●●● 수많은 만남과 이별의 기억들을 안고 있는 프놈펜역의 플랫폼

프놈펜을 빠져나온 기차는 드넓은 평야와 끝없이 펼쳐진 논을 옆에 두고 달린다. 곧게 솟은 트나옷 나무(palm tree)는 캄보디아의 상징이다. 우기가 한창인 8월의 논에는 물이 가득 차고 벼가 두세 뼘씩 자랐다. 벼를 심지 못한 한쪽 논에서는 농부가 마지막 쟁기질을 하고 있다. 몸을 비스듬히 눕히고 창밖의 경치를 바라보니 느리게 가는 기차 여행이 실감난다. 오히려 기차가 너무 빨리 달려 눈에 다 담지 못하는 것이 아쉽다. 그렇다고 기차가 빨리 달리는 것은 아니다. 빨라야 시속 60㎞다. 창밖의 수많은 풍경들이 시시각각으로 변하며 파노라마처럼 눈앞에 펼쳐졌다 사라진다.

프놈펜을 벗어난 기차는 뽀삿까지는 5번국도 옆이 아닌 내륙에서 일직선으로 이어진 철길을 달린다. 숲이 끝없이 펼쳐지다가 논이 보이기 시작하면 작은 마을이 나타난다는 표시다. 창밖에 비치는 마을의 모습은 전형적인 캄보디아 마을이다. 이런 곳은 교통도 불편하고 문명의 혜택도 없다. 주업은 벼농사로 삶은 고단하다. 눈으로만 보이는 평화로움이 사치라는 건 이런 때 쓰는 말이다. 집 마당에 몇 개씩 놓여 있는 삐엉(ពាង, 물독)이 유난히 눈에 띈다. 수도 시설이 없기에 지하수나 빗물을 삐엉에 저장하여 쓴다.

마을길은 대부분이 황톳길이다. 진한 파스텔 톤의 황톳길은 손으로 떼어 내 도화지에 문지르고 싶은 충동을 일으키게 한다. 하지만 이 황톳길은 비가 내리면 진흙탕 길이 되어 다닐 수가 없을 정도로 질척해진다. 기차가 껌뽕츠낭주 끝없이 펼쳐진 평원의 숲을 달

●●● 차창 밖으로 보이는 곧게 솟은 트나옷 나무

●●● 차창 밖의 풍경, 캄보디아 전통가옥과 삐엉

린다. 껌뽕츠낭주는 돈레삽을 끼고 도시가 발달했다. 하지만 이곳은 돈레삽과 상당히 멀리 떨어진 내륙이다. 좌측은 산의 연속, 우측은 평원의 숲의 연속. 나는 좌우를 번갈아 보며 경치를 눈에 담았다.

기차가 마을을 지날 때는 경적을 울린다. 경적 소리가 들리면 '이제 곧 마을이 나타나는구나!' 알게 된다. 금방 모내기를 했는지 이제 막 고개를 내민 벼들도 보이고, 어떤 논엔 벌써 벼가 누렇다. 캄보디아는 햇볕이 좋아 벼가 쑥쑥 자라니 논의 그림이 마을마다 다 다르다. 기차가 세 시간 넘게 달리고 있다.

뽀삿역은 첫 번째 정차역이다. 속이 메스껍다. 선로가 좋지 않은 것도 이유지만 기차가 천천히 달릴 때 흔들림이 더 심하게 느껴지기 때문이다. 뽀삿은 5번 국도의 딱 중간에 있는 도시다. 승객들이 모두 내려 역전에서 점심을 해결한다. 나는 간식으로 고구마와 망고 그리고 캄보디아 사람들이 즐겨 마시는 달달한 커피, 까훼뜩떠꼬*를 샀다.

까훼뜩떠꼬는 망에 담은 커피가루에 뜨거운 물을 여러 번 부어 커피를 우려내 작은 통에 보관하고 주문하면 커피액을 컵에 담고 얼음을 넣고 그 위에 연유를 붓는다. 무척 달다. 하지만 땀을 많이 흘린 더위에 이 얼음커피 한 잔은 강한 자극을 준다. 처음엔 너무 달아 잘 먹지 않던 나도 요즘은 자주 까훼뜩떠꼬를 마신다. 특히 커피를 주문할 때 연유를 조금만 넣고 커피는 좀 더 진하게 만들어 달라고 부탁하면 나만의 캄보디아 커피가 된다.

*까훼뜩떠꼬: 부록 "캄보디아의 다양한 간식" 참조

●●● 차창 밖 평온한 마을 모습

뽀삿에서 점심을 해결한 승객들은 네 시간의 기차 여행에 피곤한지 대부분 잠에 곯아떨어졌다. 남아프리카공화국에서 엄마랑 여행 왔다는 아이도 담요를 덮고 깊은 잠에 빠졌다. 프랑스인 아이의 아버지는 창밖 사진을 찍느라 여념이 없다. 프놈펜 여행을 마친 이들은 바탐방 여행을 마치고 버스로 태국 국경을 넘을 거라고 했다.

뽀삿에서 몇몇의 승객이 탔다. 허름한 차림의 부부와 서너 살쯤 되어 보이는 아이가 내 앞좌석에 앉았다. 태국으로 일하러 가는 노동자다. 아빠의 손엔 장난감 강아지가 들려 있다. 이들 가족은 공사장 한쪽 간이 숙소에서 먹고 잘 것이다. 돈벌이가 많이 되지는 않지만 캄보디아에는 일자리가 없으니 많은 사람들이 태국으로 간다. 2018년 한 해 해외로 돈 벌러 나간 캄보디아 사람들이 보낸 송금액 중 68%가 태국에서 보낸 것이라는 통계다. 짐이라고 해야 큰 가방 하나인데 장난감 강아지를 챙겨 온 걸 보니 맘이 울컥해진다.

뽀삿에서부터 종점인 포이펫까지는 5번 국도를 옆에 두고 나란히 달린다. 철로와 국도가 거의 붙어서 가는 곳도 있다. 태국 국경에서부터 프놈펜까지 10일간 420㎞를 걸었던 길이 바로 5번 국도다. 창밖에 보이는 5번 국도를 보니 그때의 기억이 생생하다. 기차가 5번 국도에 가깝게 붙어서 가던 그때 스치듯 내 눈에 띄는 가게.

하루 58㎞를 걸어야 했던 그날, 나는 50㎞를 넘기면서 거의 탈진 상태였다. 두 발이 앞으로 디뎌지질 않을 정도로 힘든데 해는 넘어가고 어둠이 깔리고 있었다. 그렇더라도 좀 쉬어야 할 것 같아 길가 허름한 가게로 들어갔다. 내 몰골을 본 아주머니가 의자를 내주었다. 그리고 자기가 먹으려고 쪘다며 옥수수를 내왔다. 나는 또 걸어야 했기에 억지로라도 옥수수를 다 먹었다. 아주머니의 호의 덕분인지 그날 나는 어두운 밤길을 걸어 9시 넘어 뽀삿에 잘 도착했다. 그때 따뜻하게 미소 짓던 아주머니의 얼굴을 생각하면 지금도 내 맘이 푸근해진다.

창밖으로 보이는 하늘이 맑고 깨끗하다. 트나옷 나무 풍경도 아름답지만 코코넛 나무도 한 폭의 그림이다. 집과 조화를 이루며 나란히 붙어 솟은 코코넛 나무. 우리는 코코넛 열매의 과즙을 좋아하지만 코코넛 나무는 자연 속에 조화를 이뤄 서 있는 것이고 열매는 단지 그것의 결과일 뿐이다. 코코넛 나무 아래서 뛰놀던 아이들이 기차를 보고 신나서 폴짝폴짝 뛰며 손을 흔든다. 내 어린 시절에도 그랬다. 아이들에게 기차는 희망이다. 아이들이 흔드는 손에는 언젠가는 기차를 타고 미지의 세계를 가 보겠다는 꿈이 담겨 있다.

이 철로는 기차만 다니는 것이 아니다. 노리(ណូរី)라는 대나무 열차도 다닌다. 노리는 바탐방에서 유명한 관광 상품이다(“바탐방”편 참조). 노리를 처음 탔을 때, 나는 노리의 사연을 알지 못했다. 내가 노리를 탔던 철로와 지금의 철로는 같다. 기관사가 바탐방의 노리 정류장에 다가가자 경적을 울렸다. 기차가 지나는 시간에 노리는 철로를 비켜 줘야 한다. 노리를 기다리는 많은 사람들이 내가 탄 기차를 보고 손을 흔든다. 이 기차가 지나가면 노리는 그들에게 아름다운 추억을 만들어 줄 것이다.

이제 기차 안에는 나와 청년 한 명, 그리고 태국으로 일하러 가는 노동자 가족뿐. 바탐방역이라는 갤러리 벽면 상단에는 시침도 분침도 없는 〈바탐방역 시계－1시 35분〉이라는 작품이 걸려 있다. 기차는 다른 모습의 세 부류가 종점까지 함께 간다.

프놈펜에서 건축설계사로 일하고 있다는 청년은 옷차림부터 신

●●● 작품명 〈바탐방역 시계 – 1시 35분〉

세대다. 건축설계사는 새로운 아이디어가 필요하기에 가끔씩 여행을 통해 충전을 한다고 했다. 이 청년은 태국으로 가는 부부와는 차원이 다른 삶을 살고 있다. 하긴 삶이란 이런 사람, 저런 사람이 부대끼며 사는 것이다. 우린 지금 함께 가지만 종점인 포이펫에서 헤어져 다시 모르는 사람이 될 것이다.

●●● 철도 경찰의 여유

곡창 지대 바탐방에서 쌀을 가득 실은 기차가 속도를 내기 시작한다. 일곱 시간 동안 기차 안에서 같이 있으며 친해졌던 철도 경찰이 갑자기 상의를 벗더니 해먹을 걸치고 눕는다. 기차가 종점에 닿지도 않았는데 그는 먼저 일을 끝냈다. 한국에서는 어림도 없지만 캄보디아에서 보니 그의 일탈이 부럽기까지 하다.

아침 7시 45분에 출발한 기차가 저녁 6시 반에 종점인 포이펫에 도착했다. 밖은 어둠이 깔리기 시작했다. 나와 헤어진 아이는 엄마 품에 안겨 잠시 후 이곳에서 2㎞ 떨어져 있는 캄보디아 국경을 넘을 것이다. 국경을 넘어 버스로 세 시간 반을 달리면 태국 방콕이다. 국경에서 가까운 시소폰에 살고 있는 나는 버스를 타고 방콕에 여행 간 적이 있다. 아이의 뒷모습을 쳐다보니 나의 발걸음도 다시 국경으로 향하고 싶은지 영 두 발이 떨어지질 않는다. 11시간 동안 기차 안에서 본 것은 캄보디아의 자연, 캄보디아의 삶은 물론 캄보디아의 희망이었다.

●●● 캄보디아 태국 국경 표시문

*캄보디아 철도예약시스템(http://royalrailway.easybook.com)

울창한 산림의 도시,
몬돌끼리 싸엔모노롬

몬돌끼리주의 주도인 싸엔모노롬은 해발 733m에 위치하고 있어 다른 지역에 비해 온도가 5~10도 낮고 아침저녁으로는 선선하다. 프놈펜에서 북동쪽으로 375㎞ 떨어져 있어 도로 사정이 좋지 않은 캄보디아에서는 꽤나 먼 거리다. 그나마 요즘은 도로 사정이 좋아져 6~7시간이면 간다. 요즘 캄보디아는 인터넷 사정도 좋아져 웬만한 곳에서도 인터넷이 된다. 작년부터는 전국의 장거리 버스도 인터넷으로 예약, 발권이 가능하여 일찍 나가 자리싸움하지 않아도 된다. 장거리 교통수단으로는 12~15인승의 밴이 많이 운행되는데 좌석이 비좁기도 하고 도로 사정이 좋지 않은 곳, 특히 비포장도로를 달릴 때는 흔들림이 심해 차멀미를 할 수 있어 인내가 필요하다.

캄보디아는 쌀과 과일이 지천이니 굶어 죽는 사람 없고 365일

더우니 가볍게 걸치는 옷 하나만으로도 족하다. 이런 환경이라서 그런지 캄보디아 사람들은 급한 게 없다. 도로 사정이 안 좋아 차는 대개 시속 50~60㎞고 비포장도로는 30~40㎞로 간다. '빨리빨리'에 익숙한 우리는 답답하다. 하지만 어찌 보면 느리다는 것은 나를 내려놓는다는 의미이고 현실에 순응한다는 뜻이다. 캄보디아에 살면서 느린 삶에서 배우는 것도 많다.

몬돌끼리주에 접어들어 싸엔모노롬 가는 길은 최근에 도로포장이 되었다. 양쪽에 숲을 두고 시원하게 뻗은 길을 달린다. 밴의 창문을 열자 신선한 공기가 온몸을 감싼다. 캄보디아의 어느 도시에서도 느껴 보지 못한 신선한 공기다. 해발이 높아지는 걸 체감할 순 없지만 공기가 전혀 다르다는 건 체감할 수 있다. 어느덧 나는 하늘에 조금씩 가까이 가고 있었다.

그런데 맑던 하늘에 갑자기 먹구름이 몰려오고 비가 쏟아진다. 캄보디아 날씨는 열대몬순기후로 해가 쨍하다가도 갑자기 하늘이 변한다. 퍼붓는다는 표현이 어울릴 만큼 비가 짧은 시간에 무척 많이 내린다. 밴의 와이퍼가 어지러울 정도로 빠르게 움직인다. 비가 세차게 뿌려 앞을 볼 수 없을 정도다. 차가 엉금엉금 가지만 맨 앞자리에서 보는 밖의 풍경은 장관이다. 비와 안개로 덮여 있는 이 도로가 운전사에게는 고역이지만 나에게는 일생에 다시 보기 힘든 비와 안개, 숲의 향연이다.

캄보디아는 주도마다 상징물이 세워져 있다. 밴에서 내려 첫눈에 들어온 것은 몬돌끼리주의 상징물, 뜬싸옹(ទន្សោង)이다. 언뜻 보면 물소지만 이 소는 몬돌끼리주의 산에서만 사는 흙색의 소다. 뚠싸옹이 있는 곳은 도심 중앙의 원형교차로. 싸엔모노롬은 원형교차로를 중심으로 도시가 돌고 있다.

●●● 시원하게 달리는 몬돌끼리 도로

●●● 몬돌끼리주의 상징물, 뚠싸옹

싸엔모노롬 중앙대로를 걷다가 시장 뒷골목으로 들어가니 캄보디아 여느 시장과 크게 다를 바 없다. 저녁 장을 보는 분주함은 보통 사람들의 모습이다. 가게 앞에 놓여 있는 몬돌끼리 전통주인 쓰라삐엉 항아리 모습이 이채롭다. 항아리 안에는 쌀겨와 누룩이 버무려져 있다. 건식 발효를 한 것으로 물을 붓고 한 시간쯤 기다리면 술이 된다. 마실 때는 나무 빨대로 빨아 먹는다. 몬돌끼리에서는 술을 마시는 게 아니라 자연을 마시는 것이다.

몬돌끼리주는 캄보디아에서 가장 큰 면적을 차지한다. 하지만 인구 밀도는 가장 낮다. 80%가 프농족 등 소수민족이다. 소수민족은 지금도 그들만의 전통을 고수하며 살아가고 있다. 특히 프농족은 조상 대대로 코끼리와 함께 살고 있다. 싸엔모노롬에서 가장 가 보고 싶은 곳은 울창한 숲이요 가장 만나고 싶은 놈은 코끼리다. 앙코르 제국 시대에 코끼리는 전쟁의 중요한 병력이었고 사원을 지을 때는 석재를 나르는 수송 수단이었다. 무분별한 수렵으로 객체가 줄어 지금은 몬돌끼리주와 라따나끼리주에 백여 마리가 안 되는 코끼리가 남아 있다고 한다.

NGO단체인 몬돌끼리 프로젝트에서 운영하는 코끼리 보호프로젝트는 점점 사라져 가는 코끼리를 안타까워한 한 독일 청년에 의해 2017년부터 시행되었다. 그런데 신체가 건강하지 않은 사람이라면 코끼리를 돕는 이 프로젝트에 참여하기란 쉽지 않다. 숲속으로 한참을 걸어가야 하기도 하고 사파리투어 차량 뒤 짐칸에 쪼그리고 앉아 울퉁불퉁한 산길을 가는 것도 쉽지 않기 때문이다. 차량 흔들림이 어찌나 심한지 구토가 나올 정도다. 하지만 젊은이들은 마냥 즐거운지 흔들리는 짐칸에서도 오랜 친구처럼 대화도 잘한다. 젊음과 긍정의 모습이 부럽다. 오늘 참여자는 22명. 모두 서양인이고 대부분이 젊은이다.

●●● 설레는 마음으로 코끼리 만나러 가는 길

도착한 곳에서 본 산등성이의 풍경은 산길을 오며 생긴 차멀미를 단숨에 날려 버린다. 평야처럼 펼쳐진 숲, 코발트색의 하늘 그리고 뭉게구름. 감상에 젖어 한참을 그 자리에 혼자 서 있는데 일행은 벌써 내려가 내 시야에서 사라졌다. 허겁지겁 뛰어 내려가 가이드 설명에 따라 양손에 바나나를 한 묶음씩 들고 깊은 숲으로 들어갔다. 새벽에 내린 비로 습하고 진흙길이지만 코끼리를 만난다는 희망에 다들 표정은 밝다.

가이드가 이상한 소리를 내며 코끼리를 불렀다. 10분 정도 기다리는데 순간 누군가 "와우~!" 하고 외쳤다. 저쪽 숲속에서 커다란 코끼리가 성큼성큼 다가오고 있었다. 덩치가 어찌나 큰지 두려울 정도다. 영국 친구가 용감하게 바나나를 코끼리 코에 갖다 댔다. 코로 냉큼 받아 입에 넣는 모습이 영락없는 애기다. 가까이에서 본 코끼리는 길이는 5m, 높이는 2.5m 정도고 무게는 4~5톤은 족히 나갈 것 같다. 덩치에 비해 표정은 어찌나 순진한지.

뒤이어 한 마리가 오고, 또 오고. 가져온 바나나는 금방 동이 났다. 사실 우리가 가져온 바나나는 코끼리의 식량으로는 턱없이 부족하다. 코끼리는 하루에 100kg 이상의 풀을 먹는다고 하니, 바나나 몇 개는 간식거리도 안 된다. 우리가 코끼리를 위해 온 건지 코끼리가 우리를 위해 온 건지 헷갈린다.

오전 투어를 마치고 나무집 휴게소로 돌아와 식사 후 쉬고 있는데 "커피 커피" 하는 소리가 정적을 깬다. 후식으로 제공하는 몬돌

끼리 커피다. 온 산에 진한 커피 향, 몬돌끼리 자연 향이 퍼진다.

오후 일정은 멀리 있는 강가로 내려가 코끼리 목욕시키기. 다시 숲속을 걸으니 옷이 땀에 흠뻑 젖는다. 강가에 도착하여 다들 수영복으로 갈아입고 강물로 들어가 물장구를 치며 코끼리를 기다렸다. 코끼리는 땀샘이 없다. 쇠파리, 진드기 등으로부터 피부를 보호하기 위해 코끼리는 스스로 진흙을 끼얹는다. 그래서 목욕은 필수다. 코끼리는 마치 자기의 목욕 순서를 알기라도 한 듯 목욕이 끝난 한 마리가 가면 또 다른 놈이 오고 그놈이 가면 또 다른 놈이 왔다. 그러다 두 마리가 한꺼번에 오기도 하고. 몬돌끼리 울창한 숲속에서 인간은 그저 자연의 일부분이다. 몬돌끼리 프로젝트는 자연 속에서 겸손해지는 법을 배우는 시간이기도 하다.

싸엔모노롬 주변을 다니려면 툭툭 한 대를 대절하는 게 낫다. 가야 할 곳을 얘기하고 가격을 흥정하면 된다. 팁을 생각해도 20~25달러면 하루를 이용할 수 있다.

툭툭이 출발한 지 십 분 만에 도착한 곳은 프놈더끄로몸. 더끄로몸의 산이다(프놈은 산이라는 뜻). 야트막한 산 중턱에 있는 전망대에 서니 싸엔모노롬 시내가 한눈에 내려다보인다. 평화롭게 펼쳐진 작은 도시의 풍경은 자연과 사람이 어떻게 조화를 이루며 사는 것이 아름다운 것인지 보여 주고 있다. 경치에 압도되니 움직임이 멈춘다. 특별히 눈을 고정하고 보는 곳은 없다. 그저 눈이 편해서 멍하니 보고 있을 뿐이다. 산 아래 멀리 보이는 풍경을 눈으로

한 장 한 장 캡처하니 내 맘속으로 그대로 옮겨진다.

이어서 약간의 오르막을 오르며 도착한 곳은 숲의 바다라는 뜻의 써못처으(써못សមុទ្រ은 바다, 처으ឈើ는 숲·나무라는 뜻). 숲이 얼마나 아름답고 광활하게 펼쳐져 있기에 숲을 바다라고 표현했나? 자못 궁금했던 곳이었다. 그런데 눈앞에 펼쳐진 풍경이 진짜 바다

●●● 써못처으 전망대에서 바라본 숲의 바다

다. 숲이 바다가 되는 현장, 끝없이 펼쳐진 숲의 지평선은 바다의 수평선이다. 여기서 봐도 바다, 저기서 봐도 바다다. 삼면이 모두 바다다. 전망대 정상은 꽤나 넓어 이곳저곳 다니며 보기에 좋다.

사실 보이는 건 아무것도 없다. 온통 숲이다. 눈을 들어 멀리 봐도 그 너머도 숲이다. 그러나 사람들은 이곳에 서면 "진짜 바다네!"라고 중얼거린다. 전망대의 조형물은 오히려 눈을 성가시게 할 뿐이다. 몬돌끼리는 만다라의 산이라는 뜻으로 산스크리트어에서 유래되었다. 아마도 이곳 써못처으를 보고 지은 지명은 아닌지…. 본질이 여러 가지 조건에 의해 변한다는 만다라의 뜻처럼 이곳은 숲이 바다로 변했다. 전망대 입구의 커피숍에서 마시는 커피에서도 비릿한 바다 냄새가 느껴졌다.

캄보디아 소수 민족 중 프농족은 가장 많은 수를 차지한다. 싸엔모노롬 외곽에도 십여 곳의 프농족 마을이 있다. 그중에서 투어 코스로 가는 마을은 플렁 마을과 푸탕 마을, 부쓰라 마을이다. 프농족 마을은 대개 20~30가구가 모여 사는데 그들의 삶은 여전히 고단하다. 부쓰라 폭포 가는 길에 툭툭이 갑자기 길을 벗어나 꾸불꾸불한 산속 길로 들어간다. 프농족 몇 가구가 사는 마을이다. 툭툭이 더 들어가지 못해 기사와 같이 걸었다.

숲길을 헤치며 걸어가는데 저 앞에서 연기가 피어오르고 있다. 눈앞에 펼쳐진 광경을 보고 나는 나의 눈을 의심하지 않을 수 없었다. 프농족은 산에 살며 밭벼농사를 짓고 나무껍질이나 나물을 채

취하며 산다. 땅심이 없어지면 다시 다른 곳으로 이동한다. 캄보디아 정부에서 숲의 남벌을 막기 위해 정착 마을을 세우고 프농족 이주를 권장하고 있지만 많은 프농족은 아직도 산속에 있다. 나무를 벤 곳에 심을 것이 옥수수라는데 길거리에서 찐 옥수수 세 개가 1달러 정도 한다. 말이 안 되는 상황이지만 아름드리나무들은 이미 베어져 불태워졌다.

●●● 화전을 위해 사라진 숲

안으로 더 걸어 들어갔다. 땅에 붙은 듯 낮은 집, 짚으로 만든 지붕, 좌우로 나눠진 평상에 한쪽은 잠자리, 한쪽은 부엌 겸 거실. 전기는 자동차배터리를 사용하고 있었다. 아이가 다섯 명이라며 수줍게 웃는 여인의 모습은 영락없는 우리네 어머니의 모습이다. 프농족은 조상 대대로 화전을 업으로 살아왔기에 이동이 간편하게 집을 짓는다. 문명 시설은 없고 실내는 어둡지만 가족의 온기는 따뜻했다.

떠나는데 꼬맹이가 나에게 안긴다. 나는 꼬맹이를 하늘로 번쩍 들어 올렸다. 위쪽에서 나를 내려다보는 꼬맹이의 눈과 내 눈이 마주쳤다. 꼬맹이의 눈은 밤하늘에 빛나는 초롱초롱한 별이었다. 떠나며 꼬맹이의 손에 돈을 쥐어 주었다. 천민자본주의 근성에 괜히 나 자신이 부끄러워졌다. 여행이란 사람 살아가는 모습을 보는 것이라지만 프농족은 누군가에 의해 벌거벗겨진 느낌이다. 그들의 삶은 여전히 고단한데 오히려 관광 상품으로 유명해졌다. 여기는 관광객들이 들르는 마을은 아니다. 나는 무거운 맘으로 되돌아 나왔다.

툭툭을 타고 가다 보면 보이는 풍경, 도열한 나무들. 고무나무다. 일렬로 서 있는 고무나무가 열병식의 장병 같다. 가까이 보면 고무를 채취했던 흔적, 칼자국이 그대로 남아 있다. 고무나무는 지면에서 1m 높이에 25도 각도로 베어져 있고 그 아래 고무나무 액을 받는 그릇이 매어 있다. 칼자국이 어찌나 예리한지 내 몸

●●● 땅에 붙은 듯 낮은 프농족 전통 가옥

어딘가를 칼로 베는 듯한 느낌이다. 몬돌끼리에는 아직도 프랑스 기업이 재배하는 고무 농장이 있다고 한다. 오래전 프랑스보호국이었던 역사가 이곳에는 아직도 남아 있다. 인간이 자연에 손대면 자연은 아프다. 고무나무의 칼자국은 그래서 내 맘에 생채기가 되었다.

자연은 자연 그대로가 최고다. 그래서 12m의 높이에서 쏟아지는 부쓰라 폭포는 자연에 경외감을 갖게 한다. 이곳에서 인간의 소리는 폭포 소리에 금방 묻혀 버린다. 부쓰라 1폭포에서 흘러간 물은 2폭포로 이어진다. 2폭포는 위에서만 볼 수 있지만 15미터 높이에서 떨어지는 폭포수의 소리만으로도 시원함이 느껴진다. 3폭포는 사람이 진입할 수 없는 곳에 자연 그대로 있으니 오히려 다행이다. 물이 많은 때의 부쓰라 폭포는 상상만으로도 그 위용이 짐작된다. 부쓰라 폭포는 시엠립 프놈쿨렌산 폭포와 함께 캄보디아를 대표하는 폭포다.

자연 그대로 두었다면 몬돌끼리에는 수천 마리의 코끼리가 있었을 것이다. 하지만 인간의 손이 닿으며 코끼리는 줄어들었다. 코끼리 등에 사람을 태우고 산림을 다니던 투어 상품으로 돈을 벌었던 프농족 마을도 동물 학대라는 국제단체의 반발로 코끼리를 자연으로 돌려보내고 요즘은 민박, 프농족 생활체험 프로그램 등으로 돈을 번다.

푸탕 마을은 캄보디아 정부가 프농족의 정착지로 만들어 준 곳

●●● 고무나무의 칼자국

으로, 다른 곳에 사는 프농족에 비해 생활이 나은 편이다. 툭툭이 안쪽 산길을 한참 들어가 만난 푸탕 마을은 대부분 새로 지은 집이다. 몇 채 보이는 전통 가옥도 창고로 쓰고 있었다. 전통 때문에 불편을 고수하며 살라고 강요할 순 없다. 전통이란 굴레로 옛날 그대로의 모습을 기대했던 내 생각이 잘못된 것이었다. 마을이 변했지만 푸탕 마을 할머니의 모습은 여전하다. 할머니 모습이 자연의 모습이고 몬돌끼리의 모습이었다.

●●● 옛 모습 그대로의 푸탕 마을 할머니

★ Tip ★

몬돌끼리 싸엔모노롬 여행 정보

■ **몬돌끼리 상징물, 뜬싸옹**

싸엔모노롬에 도착하면 제일 먼저 만나게 된다. 뜬싸옹은 몬돌끼리의 산에서만 사는 소다. 캄보디아의 강, 호수 근처에서 많이 보이는 물소와는 다르다. 시내 중심의 원형교차로에 설치되어 있다.

■ **부쓰라 폭포**

싸엔모노롬 시내로부터 동쪽으로 43㎞ 지점에 있다. 툭툭을 타면 한 시간 정도 걸린다. 세 개의 폭포로 구성되어 있으며 1폭포와 2폭포는 볼 수 있으나 3폭포는 진입이 불가능하다. 1폭포의 높이는 10~15m, 2폭포의 높이는 18~25m이며 폭은 20m 정도다. 두 폭포는 가까이 붙어 있다. 부쓰라 폭포는 외국인은 물론 내국인도 많이 방문하는 곳으로 공원 안에는 기념품 파는 곳과 식당, 커피숍이 있다.

• 입장료 2.5달러.

* 그 외 폭포들로는 싸엔모노롬 시내를 기점으로 서쪽으로 5km 지점에 뜩 쯔루덤낫쓰닺, 남쪽으로 10km 지점에 뜩틀레악룸니어, 동남쪽으로 20km 지점에 뜩틀레악쯔레이톰, 서쪽으로 20km 지점에 뜩틀레악오릉이 있다. 하지만 건기에는 물이 거의 없고 부쓰라 폭포에 비해 작아 사람들이 많이 가지는 않는다. 입장료는 없다.

■ **프놈더끄로몸**(전망대)

싸엔모노롬 시내를 한눈에 바라볼 수 있는 전망대. 전망대에서 보면 작은 산 두 개가 쌍을 이루고 있는 게 보이는데 현지인들은 그 산을 할아버지 산, 할머니 산이라고 부르며 성지로 여긴다. 시내에서 2.5km 정도 떨어져 야트막한 산의 중턱에 있다. 툭툭을 타면 정상까지 가며 걸어도 한 시간이면 간다. 하지만 써못 처으를 같이 방문하는 것이 좋기에 툭툭을 이용하는 것이 좋다. 일출과 일몰을 보기에 적합한 장소다. 입장료는 없다.

■ 써못처으

숲의 바다, 싸엔모노롬 시내로부터 5㎞ 떨어져 있다. 프놈더끄로몸을 본 후 산등성을 따라 완만한 오르막을 3㎞ 더 간다. sea forest라는 말에서 알 수 있듯이 숲이 바다처럼 펼쳐져서 붙여진 이름이다. 바다처럼 펼쳐진 숲이 장관이다. 이곳 전망대는 넓고 편편하여 야영지로도 사용된다. 전망대에는 식사와 차가 있는 카페가 있으며 휴게실도 있다.

• 입장료 1달러.

■ 프농족 마을

싸엔모노롬 외곽으로 프농족 마을이 많다. 그중에서 관광객들이 많이 가는 프농족 마을은 세 곳이다. 플렁 마을은 시내에서 10㎞ 떨어져 있다. 부쓰라 폭포 가는 길에 있는 마을로 코끼리 투어와 부쓰라 폭포 투어를 할 때 포함되는 코스다. 부쓰라 폭포 인근의 프농족 마을인 부쓰라 마을도 있다. 남쪽으로 12㎞ 떨어진 곳에는 푸탕 마을이 있다. 이곳은 화전의 프농족을 이주 정착시키기 위해 정부에서 조성한 마을이다.

■ 자유 여행

사전에 충분한 조사를 하고 간다면 툭툭을 빌려 자유 여행할 수 있다. 툭툭 기사가 간단한 영어는 할 줄 안다. 지역이나 지명을 정확히 말로 전달하기 어려우므로 지도를 준비해서 지도를 보며 얘기하면 좋다. 툭툭 가격은 하루 10시간 정도 사용하는 거로 30달러면 40㎞ 이내의 거리는 어디든 다녀올 수 있다(단, 코끼리가 사는 깊은 숲속으로 들어가는 것은 제외).

■ 투어 상품

코끼리 투어는 NGO단체인 몬돌끼리 프로젝트에서 운영하는 1day, 2days 코끼리 투어가 대표적이다. 1day는 코끼리 먹이 주기와 목욕시키기, 2days는 거기에 다음 날 정글트레킹이 추가된다. 5마리의 코끼리를 만날 수 있다. 비용은 1day 50달러, 2day 80달러. 점심 제공. 인터넷을 통해 사전 예약도 가능하다(홈페이지 www.mondulkiliproject.org). 현지에서도 예약이 가능하며 싸엔모노롬 시내 중앙 삼거리에 예약센터 간판이 크게 보인다.

코끼리투어와 프농족 마을을 함께 보는 1day 패키지 투어는 대여섯 명의 인원이 차면 출발한다. 비용은 40달러이며 점심을 제공한다. 시간이 없는 여행자에게 유익하다. 사이트를 통해 상세한 정보를 알 수 있다(홈페이지 www.mondulikiliecotour.com).

그 외에도 이 사이트에는 코끼리투어 정글트레킹의 2days, 부쓰라 폭포, 프농 마을, 커피농장, 숲의 바다를 하루에 방문하는 패키지도 있다(20~30달러).

✔코끼리 투어에서는 운동화, 얇은 긴 소매 옷, 비옷, 수영복, 수건, 모자, 자외선차단제가 필요하다.

House

■ 숙소

싸엔모노롬 시내에는 호텔과 게스트하우스가 많다. 호텔이라고 하지만 프놈펜의 호텔 수준과는 차이가 많다. 호텔은 하루에 30~40달러, 게스트하우스는 다른 도시의 수준과 비슷하며 20달러 정도다. 관광지라 가격이 싸진 않다. 주말에는 숙소 구하기가 쉽지 않으므로 부킹닷컴, 트립어드바이저, 아고다, 호텔스컴바인 등 사이트를 통해 미리 예약하는 것이 좋다.

Dining

■ 크메르 음식

관광객 대상의 현지 식당은 다양한 캄보디아 음식을 제공하고 있다. 캄보디아 어디서나 만날 수 있는 볶음밥류, 돼지고기 닭고기 숯불구이 등은 한국인의 입맛에도 잘 맞는다. 가격은 다른 지역보다 조금 비싸다. 돼지고기볶음밥 2달러(1달러=4,000리엘).

피치키리 pich kiri 012921379 / 쫌노트메이 012810438 / 오키데크마에 092963243

■ 그 외 음식

'The han sont restaurant' 0887219991, 0974744528

스파게티, 피자를 주로 한다. 주인은 오스트레일리아 사람이다.

■ coffee shop

'coffee M.K MONDULKILI' 012290404, 011505562

몬돌끼리 커피를 맛볼 수 있는 곳. 몬돌끼리 커피회사 건물과 이어진 커피숍이다. 회사 건물 1층에서는 다양한 종류의 몬돌끼리 커피 원두를 판다.

Transportation

■ 시내

툭툭이 가장 많이 이용하는 이동수단이다. 택시는 없다. 거리

별 적정한 가격이 정해져 있기에 크게 바가지 쓸 일은 없다. 몇 시간보다는 하루를 빌리는 것이 좋다. 하루에 대략 25~30달러이다. 모토는 오토바이 뒤에 타는 것인데 가격은 저렴하나 위험하고 특히 장거리는 이용하기 어렵다.

■ 도시 간 이동

싸엔모노롬을 출발지로 전국 어디나 가는 버스가 많다. 인터넷으로도 예약이 가능하다. 대개 15인승 밴으로 운행한다.

통합 버스인터넷예약사이트 www.bookmebus.com

소리야버스예약사이트 https://ppsoryatransport.com.kh/

메콩강의 도시, 껌뽕짬

껌뽕(កំពង់)은 항구라는 뜻이다. 메콩강이나 돈레삽을 끼고 있는 곳은 껌뽕이라는 지명을 사용한 곳이 많다. 껌뽕짬, 껌뽕톰, 껌뽕츠낭, 껌뽕스페우…. 껌뽕짬주 주도인 껌뽕짬시는 캄보디아에서 네 번째로 큰 도시다. 프놈펜과는 123㎞로 가깝다. 베트남 국경과도 100㎞가 채 안 된다. 해상교통의 중심지로 일찍부터 발달했다.

껌뽕짬에는 짬족이 많이 살고 있는데 짬파국(2세기~17세기 베트남 남부의 말레이계 국가로 잠깐 앙코르 제국을 지배한 적도 있다. 지금은 짬족 대부분이 베트남족에 동화되었다)의 영향 때문이다. 껌뽕짬의 짬(ចាម)은 짬족에서 유래되었는데, 짬파국이 베트남에 의해 멸망하면서 가까운 이곳에 정착하게 된 것이다. 이들 대부분은 무슬림이다. 껌뽕짬에 미인이 많다는 풍문은 짬족 여자와 크메르족의 혼혈

이 많기 때문에 나온 말이다.

껌뽕짬은 메콩강을 끼고 오래전부터 교역이 발달하였고 육로는 사통팔달의 요지로서 지금도 프랑스, 일본 사람이 많이 거주하고 있다. 밤이 되면 껌뽕짬 메콩강변은 화려한 네온이 강을 밝히고 사랑을 속삭이는 연인들로 가득 찬다. 메콩강변 카페테라스에는 외국인들이 맥주를 마시며 아름다운 야경을 즐긴다. 강변의 야경은 유럽의 어느 도시에 와 있는 듯한 착각을 불러일으킨다.

●●● 껌뽕짬 메콩강변

껌뽕짬의 명물은 대나무 다리다. 대나무로 강의 다리를 만들었는데 한국 방송에도 소개된 적이 있다. 대나무 다리로 가기 위해서는 키주나 다리 밑을 지나야 한다. 키주나 다리는 길이 1,360m로 메콩강을 건너 뜨봉크뭄을 지나 몬돌끼리로 이어진다. 키주나 다리를 건너서부터는 뜨봉크뭄주다. 이 다리는 캄보디아 북동부를 연결하는 중요한 다리다. 키주나는 일본말로 인연이라는 뜻이다. 캄보디아와 일본은 관계가 매우 좋다. 현 총리인 훈센은 뜨봉크뭄의 빈농 출신이다. 일본은 키주나 다리를 놓아주며 훈센에게 더없이 좋은 선물을 준 것이다.

껌뽕짬 메콩강은 꺼바엔섬을 두고 두 갈래로 갈라진 후 섬 끝에서 다시 합쳐져 프놈펜으로 향한다. 대나무 다리는 메콩강 한가운데 있는 꺼바엔섬을 연결하고 있다. 처음에는 섬 주민들의 왕래를 위해 만들었으나 지금은 섬 위쪽에 다리가 놓여 대나무 다리는 관광 상품으로 더 유명해졌다. 대나무 다리가 있는 곳은 수심이 깊지 않다. 하지만 우기에는 다리가 물에 잠겨 통행이 금지된다. 대나무로 이렇게 큰 강의 다리를 만들 생각을 했다는 것이 너무 신기하다.

강바닥에 박힌 굵은 대나무와 대나무를 쪼개서 이어붙인 다리 상판을 보면 속이 빈 대나무가 물에 견디는 힘이 이렇게 강한 것이 놀랍다. 대나무는 속이 빈 게 아니라 강한 마디를 만들기 위해 속을 비운 것이다. 출렁 출렁거리는 다리를 신기해서 걷다 보면 1㎞ 정도인 다리를 금방 건넌다. 대나무 다리는 8년 전에 만들어졌고

수심이 제일 낮은 건기를 택해 일 년마다 대나무를 교체한다. 대나무는 껌뽕짬과 인접한 끄러쩨주에서 가져오고, 굵고 단단한 대나무는 직경이 15㎝도 넘는다. 보기와는 달리 다리가 튼튼한데 예전엔 차도 다녔다고 한다.

●●● 꺼바엔섬을 연결하는 대나무 다리

짬족의 도시, 껌뽕짬. 대나무 다리 중간에 서서 보면 유독 눈에 띄는 회교 사원이 있다. 흰색의 건물에 사각 모서리 기둥에 둥근 탑이 있는 사원, 크기가 커서 멀리서도 잘 보인다. 회교 사원 가까이 가니 히잡(여성용 두건)을 한 여자, 따끼야(남성용 모자)를 쓴 남자들이 많이 보인다. 캄보디아에서 무슬림은 껌뽕짬과 껌뽕츠낭에 많이 산다. 두 지역 모두 베트남과 가깝다. 베트남을 떠난 짬

●●● 껌뽕짬 시내의 마지드 회교 사원

족은 메콩강을 따라 캄보디아로 들어오면서 일부는 계속 메콩강을 거슬러 올라 껌뽕짬에 자리를 틀었고 일부는 돈레삽으로 방향을 틀어 껌뽕츠낭으로 갔다.

불교도가 90% 이상이지만 타 종교에 배타적이지 않은 것이 캄보디아다. 인류 전쟁의 역사에서 종교는 가장 큰 원인 중 하나였다. 내 종교가 최고고 남의 종교는 우상이라는 인식은 한국에서 특히 강하다. 하지만 캄보디아에서는 모든 종교가 친구다.

●●● 지금도 메콩강을 감시하는 듯한 프랑스 감시탑

껌뽕짬은 프랑스보호국 시대에 고무농장이 많았다. 프랑스 감시탑은 메콩강을 건너오는 강도들을 감시하기 위해 지어졌다. 10m가 넘는 높이에 탑 내부가 좁고 70도 경사의 좁은 철제 계단을 딛고 올라가야 한다. 감시탑을 올라가기 위해서는 용기가 필요하다. 당시의 프랑스 감시병의 심정으로 계단을 올라가 정상에 서니 한 사람이 겨우 다닐 정도로 통로가 좁다. 아래를 내려다보니 현기증이 일어 눈을 멀리 둘 수밖에 없다. 그러자 시내가 한눈에 들어온다. 천천히 시내를 훑어본다. 도시 전체를 한 장의 스크린에 담기에는 껌뽕짬 시내는 무척 컸다.

시엠립 지역에서 가장 멀리 떨어져 있는 앙코르 유적, 노꼬바쩨이 사원. 시내에서 2.5㎞로 비교적 가깝다. 노꼬바쩨이 사원은 수리야바르만 2세(1113~1150) 때 만들어진 힌두교 사원이다. 많이 무너진 상태지만 자세히 보면 앙코르 제국의 흔적이 곳곳에 남아 있다. 폭 400m가 넘는 크기의 정사각형의 사원이었지만 지금은 200m 정도 남아 있다.

수리야바르만 2세는 앙코르와트를 만든 왕이다. 절대 권력의 그는 이곳에 작은 앙코르와트를 만들고 싶었다. 압사라 부조나 조각들은 앙코르와트에서 본 모습 그대로다. 다만 보수하며 엉성하게 덧칠한 것이 많아 아쉽다. 사원 한쪽에 있는 연못은 메워지지 않고 거의 원형 그대로다. 사면 중앙마다 계단이 있는데 연못의 깊이가 깊어 오르내리기 쉽게 않다. 오랜 세월을 견디고 옛 모습 그대로 있는 계단에서 그나마 앙코르 제국의 강건함을 엿볼 수 있다.

30년을 넘게 집권하고 있는 훈센 총리는 1952년 껌뽕짬의 시골 마을(지금은 뜨봉크뭄주)에서 태어났다. 시내를 빠져나오기 전 본 삼거리에 세워진 탑은 1979년 크메르루즈로부터 해방된 것을 기념하는 탑이다. 정치적 소용돌이 속에서 기회를 잡은 훈센은 자기 고향인 껌뽕짬에 유독 정이 많이 갔을 테고 해방의 상징으로 이 탑을 세운 것 같다. 하지만 장기 집권으로 부패한 훈센은 가난을 물리치기는커녕 껌뽕짬 도처에 남아 있는 킬링필드의 아픔도 해결하지 못하고 있다.

크메르루즈의 슬픈 역사를 갖고 있는 것이 거미 튀김이다. 껌뽕짬 시내에서 45㎞ 떨어진 스쿤 지역에는 이 지역의 땅속에서만

●●● 크메르루즈의 슬픈 역사를 간직한 거미 튀김, 그리고 캄보디아 사람들이 즐겨 먹는 간식 귀뚜라미, 메뚜기 튀김

사는 거미가 있다. 크메르루즈 시대에 먹을 것이 없어 거미를 튀겨 먹은 것이 그 유래다. 언젠가 방문했던 그곳에서 본 거미가 무척 컸던 게 기억난다. 나는 캄보디아 음식을 가리지 않는 편인데 거미, 전갈은 고사하고 메뚜기, 귀뚜라미 등 곤충류 튀김은 아직도 손이 가질 않는다.

후진국의 발전은 대체로 불균형적이다. 캄보디아도 그렇다. 아직도 하루 1달러로 사는 사람이 많은데 유명 커피 체인점이 우후죽순 생겨나고 있다. 이런 곳에서 커피를 마시는 캄보디아 사람들은 시원하고 쾌적한 실내에 이미 익숙해져 기꺼이 비싼 돈을 지불한다. 요즘엔 브랜드 커피의 맛을 가리며 먹는 사람들도 많아졌다. 캄보디아 현실에서는 어두운 이면이지만 관광객들에게는 반가운 현상이다. 다니다 더우면 쉴 곳이 있으니까.

시내 커피 체인점에서 1.95달러 아메리카노 커피를 마시며 창밖을 바라본다. 배낭을 멘 외국인 남녀가 지나간다. 민소매에 시커멓게 탄 피부가 눈길을 끈다. 그들은 어디에서 왔고 어디로 가는 걸까? 프랑스풍의 고풍스러운 건물이 배낭을 멘 남녀의 모습과 무척 어울린다.

●●● 고풍스러운 관공서 건물

달달한 카페라떼를 한 잔 더 시키고 잠시 상념에 잠겼다. 작년에 껌뽕짬에서 겪었던 일이 떠오른다. 프놈펜 워크숍 일정을 마치고 껌뽕짬 여행할 목적으로 다음 날 아침 일찍 프놈펜을 출발하여 껌뽕짬에 도착했던 나는 첫 방문이라 툭툭 기사와 갈 곳을 정하고 흥정을 했다. 툭툭 기사의 첫인상이 별로였다. 내가 가자고 하는 곳을 잘 모르면 귀찮다는 표정을 지었다. 어찌어찌하여 다 돌고 돈을 내고 몇 발자국 내디뎠나? 뭔가 허전해서 보니 핸드폰을 놓고 내린 것이었다. 툭툭은 이미 저 멀리 달아나고 있었다.

순간 너무나 당황한 나는 지나가는 모토(오토바이) 기사들을 향해 "뚜르삽크놈 뚜르삽크놈(ទូរស័ព្ទខ្ញុំ: 내 핸드폰 내 핸드폰)"을 외치며 앞을 가리켰다. 툭툭이 내 눈에서 사라질 즈음 어렵게 모토를 잡아탄 나는 "르은르은(លឿនលឿន: 빨리빨리)"을 외쳤다. 나의 사정을 알아차린 모토 기사가 차량 사이를 헤집고 달려 2㎞ 추격 끝에 툭툭 앞에 섰다. 나를 본 툭툭 기사가 손가방에서 내 핸드폰을 꺼냈다. 입에서 나오는 욕을 억지로 참았다.

하지만 내 잘못이었다. 여행할 때는 스스로 조심하는 게 상책이다. 내가 이런 일을 겪은 것도 나의 마인드 컨트롤 문제였다. 기사의 태도가 맘에 안 들어 괜히 신경이 예민해졌던 것이었다. 여행에서는 스스로 자제하며 평정심을 유지하는 것이 중요하다. 나를 절제하지 못하면 결국 손해는 나한테 온다. 그때를 생각하면 지금도 아찔하다.

★ Tip ★

껌뽕짬 여행 정보

Sightseeing

■ **대나무 다리**

시내에서 바로 보이는 꺼빠엔섬을 연결하는 대나무 다리로 키주나 다리에서 300m 거리에 있다. 1㎞가 정도 길이로 껌뽕짬의 명물이다. 차량은 다닐 수 없다. 우기에 비가 많이 올 때는 잠겨서 건널 수 없다. 다리를 건너 꺼빠엔섬의 모래사장을 걸으며 메콩강과 시내를 멀리서 보는 풍경이 아름답다.

■ **노꼬바쩨이 사원**

시내로부터 2.5㎞ 서쪽에 있다. 수리야바르만 2세 때 세워진 힌두교 사원이다. 시엠립 앙코르 지역에서 멀리 떨어진 곳에 있는 규모가 큰 앙코르 유적이다. 압사라 부조, 성벽, 연못 등 앙코르 유적의 느낌을 그대로 느낄 수 있다. 원래 420m×370m의 직사각형의 사원 형태였으나 대부분이 부서지거나 없어졌다.

■ 키주나 다리

일본의 원조로 지어진 다리. 2011년에 완공되었고 길이는 1,360m. 키주나 다리 입구의 원형로터리에 키주나 다리 건립을 기념하는 기념탑이 있다. 야간에는 화려한 조명으로 밝힌다. 키주나 다리는 캄보디아 500리엘 화폐(0.25달러) 뒷면에 들어가 있다.

■ 프랑스 감시탑

키주나 다리를 건너면 좌측에 보인다. 프랑스보호국 시대에 고무농장의 보호를 위해 이곳에서 강을 건너오는 강도를 감시했다고 한다. 높이가 10m 좀 넘는다. 탑 안에 철제 난간으로 올라갈 수 있다. 하지만 경사가 70도 정도로 가파르고 발판도 좁아 오르기 쉽지 않다. 감시탑을 오르면 메콩강과 맞은편 시내가 한눈에 내려다보인다.

■ 모하리업 사원

캄보디아에 남아 있는 유일한 목조 사원이다. 10세기경에 지어졌다. 크메르루즈 시대에 병원으로 사용되며 많이 파괴되었다. 시내에서 20㎞ 떨어져 메콩강을 건너 한적한 곳에 있다. 사원으로 가는 교통편은 없다. 배를 이용해야 하지만 배편이 없기에 시내 메콩강가에서 뱃삯을 흥정해야 한다. 배를 내려 다시 모토를 타고 사원으로 가야 한다.

Tour

■ **자유 여행**

툭툭으로 시내 및 주변 여행을 다 할 수 있다. 20~25달러로 하루 이용이 가능하다.

House

■ **숙소**

강변을 따라 많은 게스트하우스가 있다. 가격도 저렴하여 일박에 10~12달러. 강변의 게스트하우스는 대체로 오래되어 낡은 게 흠이다. 강변의 호텔은 25~35달러.

메콩크로싱 게스트하우스 017801788 / 문리버 게스트하우스 016788973

부킹닷컴, 트립어드바이저, 아고다, 호텔스컴바인 등 사이트를 통해 인터넷 예약도 되며 현지에서도 충분히 숙소를 구할 수 있다.

Dining

■ 크메르 음식

큰 도시에 걸맞게 현지 식당은 다양한 캄보디아 음식을 제공하고 있다. 한국인의 입맛에 맞는 크메르 음식도 많아 큰 어려움이 없다. 현지인이 이용하는 식당 중에서 입맛에 맞춰 골라 먹으면 된다. 이런 곳은 가격도 1.5~2달러로 부담 없이 이것저것 먹을 수 있다.

■ 그 외 음식

강변의 레스토랑에는 스파게티, 피자 등 다양한 메뉴와 함께 맥주, 커피를 즐길 수 있다.

메콩데이즈 피자전문점 011624048 / 메콩크로싱 스파게티전문점 017801788

Transportation

■ 시내

툭툭을 이용하면 웬만한 곳은 다 갈 수 있다. 시내 택시는 없다.

* 캄보디아는 각 도시마다 외곽에 다른 도시로 가는 택시가 줄지어 서 있다. 가격은 5~7달러이며, 4명이 타면 출발한다. 프놈펜을 제외하고 캄보디아의 택시는 택시 표시가 없는 일반 승용차다.

■ 도시 간 이동

껌뽕짬은 큰 도시기에 전국 어디나 가는 버스가 많다. 인터넷으로도 예약이 가능하다. 캄보디아는 대부분의 도시에 터미널이 별도로 없다. 매표소 길가에서 타고 내린다. 버스회사는 bayon vip, mekong express, virak buntham, capitol bus 등 많다. 껌뽕짬은 주로 대형버스로 운행한다(통합버스인터넷 예약사이트 www.bookmebus.com).

돈레삽과 도자기의 도시,
껌뽕츠낭

2019년 3월, 나는 캄보디아를 두 발로 느껴 보자며 태국 국경에서 프놈펜까지 420㎞를 10일간 걸었다. 태국 국경을 출발한 지 8일째, 목적지인 프놈펜을 앞에 두고 이른 아침 껌뽕츠낭을 출발한 나는 길에서 귀중한 손님을 만났다. 프놈펜에서 대학을 다니는 학생이었다. 나는 도보 여행의 안전을 위해 매일 페이스북에 나의 동선 및 숙소를 게시하고 있었다. 당시 나의 페이스북에는 많은 댓글이 달렸다. 그 학생은 프놈펜에서 오토바이를 타고 껌뽕츠낭에 도착하여 하루를 묵고 나의 동선을 예상하고 아침에 나를 찾아 나선 것이었다.

"안녕하세요, 프놈펜까지 걸어가시는 분 맞죠?"

"네, 맞아요. 어떻게 알고 여길?"

"페이스북에서 선생님 가는 길을 계속 봤어요."

그는 궁금한 것이 무척 많은 듯 말을 이었다.

"그런데 이렇게 먼 길을 왜 걸어요?"

"……."

그가 나를 뚫어지게 쳐다보기에 나는 무슨 말이라도 해야 했다.

"걸으면 많은 걸 보고, 많은 사람들을 만날 수 있어서요."

그는 내 말을 이해할 수 없다는 듯 멋쩍은 웃음을 지어 보였다.

그러더니 갑자기 배낭에서 1.5ℓ 물을 꺼내서 나에게 주었다. 순간 나는 당황하지 않을 수 없었다. 장거리 도보에서 배낭 무게는 가벼울수록 좋다. 그리고 이미 내 배낭에는 출발하면서 준비한 물이 있었다. 잠시 고민했지만 나는 정중히 사양했다. 맘이니 우선 받고 나중에 버리면 되지만 그건 그의 성의를 버리는 것이다. 다행히 그는 내 거절을 이해했다. 그는 오토바이를 끌고 나는 전날과 똑같이 걸으며 그렇게 한참을 같이 갔다. 우리 둘은 서로 말이 없었지만 맘으로는 얘기를 하고 있었다.

껌뽕츠낭주의 주도, 껌뽕츠낭시는 프놈펜으로부터 북서쪽으로 90㎞ 떨어져 있고 쌀농사와 어업을 주로 한다. 도자기로 유명한 도시지만 돈레삽을 끼고 도시가 형성되어 있어 시내에서 조금만 안쪽으로 들어가면 돈레삽을 만날 수 있다. 수상 가옥도 많은 껌뽕츠낭은 돈레삽과 함께 살아가는 도시다. 도시 전체는 조용하고 깨끗하다. 주청사가 있는 시내 중심가 공원 주변은 산책하기에도 좋다. 프놈펜을 출발하여 껌뽕츠낭에 도착하면 제일 먼저 길 좌측에 서 있는 큰 도자기 모양을 볼 수 있다. 껌뽕츠낭의 상징물이다.

캄보디아 말로 껌뽕(កំពង់)은 항구, 츠낭(ឆ្នាំង)은 큰 그릇(냄비)을 뜻한다. 지명에서도 알 수 있듯이 껌뽕츠낭은 돈레삽과 도자기로 유명한 곳이다. 시내에서 보이는 산은 프놈끄랑미어산. 도자기 마을은 시내에서 서쪽으로 3㎞ 떨어져 그 산 아래 자리 잡고 있다. 프

●●● 껌뽕츠낭의 상징물, 도자기

놈끄랑미어산 주변은 자연휴양지로 아름다운 자연을 갖고 있다.

도자기 마을 가는 길, 며칠 전 비가 와 물을 흠뻑 먹은 논에는 벼가 한 키는 자랐다. 저 멀리 우뚝 솟은 트나옷 나무(팜슈가 나무)는 아름다운 풍경을 더한다. 이런 길을 걸으면 풍경이 자연 속으로 나를 깊숙이 끌어들인다. 태양이 뜨겁지만 자연의 멋에 빠져 더위도 잊고 걷는다. 마주치는 동네 사람들은 하나같이 웃는 얼굴로 인사를 건넨다. 아름다운 자연이 그대로 살아 있는 이곳은 쫄츠남(캄보디아 설날. 4월 14일~17일)이나 프춤번(캄보디아 추석. 음력 8월 말)에는 많은 사람들이 찾아온다고 한다.

도자기 마을의 집은 오랫동안 이곳에서 살았음을 짐작케 하는 캄보디아 전통 집들로 이곳의 자연과 잘 어울렸다. 전통적인 캄보디아 집은 필로티 공법으로 지어 1층은 기둥만 있는 빈 공간이다. 더위를 피하고 야생동물로부터 안전하기 위해서다. 1층은 휴식의 공간으로 한쪽에 평상을 놓고 해먹이 걸려 있다. 간단한 가재도구와 부뚜막이 있어 부엌 역할도 한다. 사방이 뻥 뚫린 구조라 그늘과 선선한 바람이 있다. 2층은 오직 잠만 자는 곳이다. 이 마을의 집들 1층 공간은 대부분 도자기 창고로도 활용되고 있었다.

도자기를 만드는 흙은 마을 뒤 프놈끄랑미어산에서 가져온다. 미어(មាស)는 황금을 뜻하는 캄보디아 말이다. 이곳에서 만드는 도자기는 빚으면 빚을수록 연한 황금색을 띤다. 색깔이 무척 아름다워 색을 더하지 않고 흙색 그대로 표현한다. 색깔이 너무 예뻐 진흙을 손에 쥐고 비벼 보았다. 마치 밀가루 반죽 같다.

도자기는 24시간 가마 안에서 인내의 시간을 견딘 후 자연의 흙 색깔로 태어난다. 마을에는 4개의 가마가 있는데 모두 공동으로 운영한다고 한다. 이곳에서는 전통적인 방법으로 도자기를 만든다. 사람이 돌면서 도자기를 만드는데 하나를 완성하기 위해서는 200번도 넘게 돈다고 한다. 도자기 만들기 체험도 한다기에 빙빙 돌아봤는데, 서너 번 돌고 나니 도저히 어지러워 돌 수가 없다.

●●● 전통의 맥을 잇고 있는 아주머니 도공

이렇게 만든 도자기가 12달러, 싸도 너무 싸다. 산에서 흙을 캐오는 일도 아주머니 도공의 몫이다. 모계 사회의 전통이 남아 있어 부인이 경제권을 갖고 유산상속도 우선이라지만 가난한 캄보디아 가계 살림에서는 의미 없는 말이다. 오히려 그런 전통이 캄보디아 여자들의 삶을 고단하게 만든다. 이곳의 도공은 모두 여자다. 자녀들에게는 이 일을 물려주고 싶지 않다고 하니 먹고사는 게 힘들면 전통의 맥도 잇기 힘든 법이다.

거대한 돈레삽은 동남쪽으로 흘러 껌뽕츠낭에 이르면 좁아지면서 몇 갈래 줄기로 갈라진다. 여러 물줄기는 다시 좁아지면서 두 갈래로 합쳐지고 2~3㎞ 강폭이 된다. 그중 한줄기는 계속 흘러 프놈펜 왕궁 앞에서 메콩강과 만난다. 일반적으로 돈레삽은 큰 호수를 말하며 동남쪽으로 흘러 강폭이 좁아지면서는 돈레삽강이라고 부른다. 돈레삽 호수가 원체 커서 그렇지 2~3㎞ 강폭도 좁은 건 아니다. 껌뽕츠낭 시내에서 가까이 있는 돈레삽강을 끼고는 시내와는 모습이 다른 마을이 물 위에 길게 이어져 있다.

선착장에서 배를 타고 들어가면 강 안쪽에 두 개의 수상마을이 있는데 그곳에는 많은 사람들이 살고 있다. 선착장에서 모터를 단 쪽배로 이십여 분 달려 눈앞에 펼쳐진 광경은 또 다른 세상이었다. 한쪽은 베트남족이 사는 품쩡꺼 마을, 맞은편은 크메르짬족이 사는 품껀달 마을. 이곳 수상마을은 비교적 뭍에 가까이 붙어 있어 육지와의 이동이 쉬운 편이다. 하지만 그들은 물 위의 생활이 더 익숙한지 생필품을 파는 가게 등 물 위에 있을 게 다 있다. 일용품을 가득 실은 배도 물길 골목 곳곳을 다닌다.

큰 거실 안에 소파나 가전제품을 보면 어떤 집은 꽤 잘사는 것 같다. 수상마을에도 빈부의 격차는 눈에 보인다. 가난한 수상가옥은 크기도 작고 허름하여 사는 게 형편없다. 작은 배 위에 얼기설기 기둥을 세우고 천막으로 가린 집도 있다. 작은 집 한쪽에서 강물로 세수를 하던 아이가 손을 흔든다. 아이의 해맑은 웃음에 나도 덩달아 행복해진다.

껌뽕츠낭에는 만 명이 넘는 베트남족이 살고 있다. 대부분이 돈레삽강 수상가옥에서 살고 있다. 베트남전쟁 때 캄보디아로 이주해서 전쟁이 끝나고 고국으로 돌아가도 마땅히 할 게 없어 이곳에 눌러앉은 것이다. 국적이 없는 그들은 고기잡이로 생계를 이어 가고 있다. 이들의 삶은 앞으로도 크게 변하지 않을 것이다. 임금도 구제하기 힘들다는 가난, 가까이 뭍에 보이는 마을의 십자가가 왠지 쓸쓸하게 보인다.

캄보디아에서 십자가의 모습은 생경하다. 캄보디아 십자가는 대부분 한국 선교사들이 세운 것이다. 캄보디아는 90% 이상이 불교도다. 자기의 신념이나 종교가 어떻든 캄보디아의 종교나 문화를 존중해야 한다. 관광객들도 캄보디아 사원에서는 옷차림이나 행동에 주의할 필요가 있다.

●●● 움직이는 마트, 베트남족이 사는 품쩡꺼 마을, 크메르짬족이 사는 품껀달 마을

불교가 생활인 캄보디아에서 요즘 내가 사원을 보며 이상하게 여기는 것 중 하나가 사원 안에 유골탑이 늘어나고 또 대형화되고 있다는 것이다. 캄보디아에서는 죽으면 화장을 한다. 화장은 사원에서 스님들이 한다. 그래서 캄보디아에는 큰 사원마다 화장장이 있다. 돈이 많은 사람일수록 사원에서 치르는 장례식 규모도 크다. 그런 사람은 사원 안에 유골탑을 세우고 유골을 그 안에 보관한다. 부자들의 조상 섬기기가 사원의 돈벌이 수단으로 최고가 된 것이다.

내가 사는 곳에서도 가끔 장례식 행렬을 보는데, 부자의 장례식에는 뒤따르며 걷는 행렬이 백 미터도 넘는다. 이런 장례식은 화려하다고 표현하는 것이 맞다. 화려할수록 돈이 많이 들어간다는 뜻이다. 언젠가 이웃의 가난한 할머니가 한밤 뺑소니 사고로 죽었는데 사원에서 화장할 돈이 없어 집에서 멀리 떨어진 작은 사원에 돈 6만 리엘(15달러)을 주고 넘겼다는 말을 들은 적이 있다. 그 말을 들었을 때 나는 화장장이 없는 그곳의 스님들이 시신을 어떻게 처리했을까 상상을 해 봤다. 산 자의 허세가 죽은 자에게는 결코 위로가 되지 않을 텐데 안타까울 뿐이다.

●●● 사원 안 유골탑

★Tip★

껌뽕츠낭 여행 정보

Sightseeing

■ 도자기 상징물

껌뽕츠낭을 상징하는 상징물. 시내에서 동쪽 프놈펜 방향으로 3㎞ 떨어져 있다. 코끼리 상징물과 함께 작은 공원으로 꾸며져 있다. 주의해서 보지 않으면 그냥 지나치기 쉽다.

■ 도자기 마을

시내에서 서쪽으로 3㎞ 거리에 있어 걷기에는 좀 멀다. 유명한 곳이라 툭툭이나 모토 기사가 다 안다. 프놈끄랑미어산을 배경으로 마을이 형성되어 있으며 이 지역은 자연휴양지로도 유명해서 경관이 아름답다.

■ 돈레삽강 수상마을

시내에서 북쪽으로 2.5㎞ 가면 돈레삽강과 만난다. 선착장에서 배를 타고 북서쪽으로 2㎞ 가면 우측이 품쩡꺼 마을, 좌측이 품껀달 마을이다. 두 개의 수상마을이 마주 보고 있다. 품쩡꺼 마을은 베트남족이고, 품껀달 마을은 크메르짬족이다. 선착장 주변 강가에서도 아침에 떠오르는 태양과 저녁노을을 감상할 수 있다.

■ 프놈네앙캉레이산

돈레삽강 건너 맞은편 껌뽕하으 지역의 자연야생동물 보호구역이다. 시내 선착장에서 아래쪽으로 1.5㎞ 내려가면 수시로 왕복하는 큰 배 선착장이 있다. 맞은편 껌뽕하으 선착장에 도착하면 툭툭이나 모토가 호객을 한다. 적당한 가격(5~10달러)으로 흥정하여 툭툭을 타고 산을 중심으로 한 바퀴 돌면서 투어를 하면 좋다.

■ 자유 여행

툭툭으로 주변 여행이 가능하다. 현지인들의 교통수단인 껌뽕츠낭 선착장~껌뽕하으 배를 타고 왔다 갔다 하는 것도 흥미롭다. 껌뽕하으 가는 배는 대형 배다. 편도 30분 정도 걸린다. 0.25달러.

■ 투어 상품

돈레삽과 도자기마을 투어를 연계한 패키지 투어가 있다. 돈레삽 선착장에서 티켓을 판매한다. 투어 코스에 따라 25~30달러. 도자기 마을에서 도자기 만들기 체험을 할 수 있다. 30분에 1.25달러.

■ 돈레삽강 유람선

선착장에서 탄다. 작은 배는 10달러, 큰 배는 15달러. 유람 시간은 한 시간. 우기에는 시엠립 가는 배가 일주일에 한 번 운행한다.

House

■ 숙소

시내에는 호텔과 게스트하우스가 많다. 부킹닷컴, 트립어드바이저, 아고다, 호텔스컴바인 등 사이트를 통해 인터넷 예약도 가능하다. 일박에 15~20달러.

Dining

■ 크메르 음식

시내의 크메르 식당은 다양한 캄보디아 음식을 제공하고 있어 입맛에 맞게 골라 먹을 수 있다. 크메르 식당에서는 한국인의 입맛에 맞는 볶음밥류, 돼지고기, 닭고기숯불구이 등은 기본 메뉴로 다 갖추고 있다. 저녁 5시가 되면 중앙공원 주변에 다양한 노천 식당이 테이블을 편다. 간식거리도 많이 판다. 많은 사람들이 공원에 산책 나오기에 흥겨운 분위기다.

■ coffee shop

커피 체인점 '커피투데이'가 있고 'Platoza cafe & bistro' 등 작은 규모의 로컬커피숍도 서너 군데 있다.

Transportation

■ 시내

툭툭, 모토가 있다. 하루를 이용하고 먼 곳까지 가고 싶다면 15~20달러의 가격으로 흥정이 가능하다. 캄보디아 지방 도시에서 툭툭은 하루 8시간, 20달러를 넘지 않는다. 먼 곳을 간다 하더라도 흥정만 잘하면 크게 바가지 쓸 일은 없다.

■ 도시 간 이동

프놈펜과 인접한 도시인 껌뽕츠낭은 bayon vip, mekong express, virak buntham, capitol bus 등 많은 버스가 지나간다. 인터넷 예약이 안 되므로 시내 매표소에서 표를 구매해야 한다.

끝없이 펼쳐진 곡창 지대, 바탐방

캄보디아의 곡창 지대인 바탐방주는 쌀이 유명한 곳이다. 주도는 바탐방. 드넓게 펼쳐진 논을 보면 평화롭기 그지없지만 태국과 가까이 있는 지리적 여건으로 인해 아픈 역사를 갖고 있다. 앙코르 제국 멸망 이후에 태국 영토였던 바탐방은 프랑스보호국 시대인 1907년이 되어서야 캄보디아로 돌아왔다. 크메르루즈군이 태국 국경 쪽으로 피하며 마지막까지 저항했던 곳이기도 하여 시내에서 멀리 떨어진 숲에서 보이는 지뢰제거 작업 표시는 옛 상흔을 그대로 보여 주고 있다. 바탐방 시내에서 가까운 거리에 있는 쌈롱크농 사원의 위령탑에는 근처에서 학살당한 10,006명 유골의 일부가 안치되어 있다.

그렇지만 지금의 바탐방 시내는 프랑스식 건물이 즐비하여 고풍스럽기까지 하다. 바탐방은 프랑스보호국 시대 이전에 프놈펜 인근의 우동 지역과 함께 프랑스 선교사가 가장 먼저 정착한 곳이다. 과거에 프랑스 사람이 많이 거주했던 곳이라 아직도 프랑스식 건물 양식이나 문화가 많이 남아 있다. 바탐방은 태국, 프놈펜을 오가는 5번 국도의 중심도시라 교통이 편리하다. 여행으로도 많이 찾는 곳이다.

바탐방은 수리야바르만 1세(1002~1050) 때 형성된 도시지만 그 당시의 흔적은 거의 없다. 바탐방은 크메르루즈 내전, 프랑스보호국 역사, 앙코르 제국의 길을 따라가면 이해가 쉽다. 바탐방에 오면 가장 먼저 가는 곳이 대나무 열차 타는 곳이다. 얼핏 들으면 철로가 대나무로 만들어진 줄 안다. 물론 철로는 쇠 철로다.

"노리"라고 불리는 대나무 열차는 크메르루즈 내전의 결과로 생긴 것이다. 당시 크메르루즈는 이상적 사회주의를 신봉하며 대학살을 자행했고, 철도 등 모든 기간 시설을 파괴했다. 내전이 끝나고 복구가 안 되니 주민들이 탱크바퀴 부품에 양수기 엔진, 오토바이 엔진을 달고 대나무로 만든 평상을 얹혀 바탐방~뽀삿을 운행했다. 특별히 정해진 정거장은 없었다. 사람이 보이면 서고, 내리고 싶은 곳에서 내렸다. 이것이 노리의 유래다.

노리는 칸막이도, 손잡이도 없는 평상 하나의 객차인데 30~40km 속도로 제법 빠르게 달린다. 평상에 앉아 시원한 바람을 맞으면 자연을 품고 달리는 기분이다. 보기에 별거 아닌 것 같은데 타 보면 흥분을 느끼기에 충분하다. 단선의 철로는 마주 오는 대나무 열차

●●● 바탐방의 고풍스러운 건물들

와 여러 번 마주친다. 그때마다 마주한 열차의 운전사 두 명이 평상과 바퀴를 들어 옆으로 옮기는데 어떤 것이 비키는지 그들만의 법칙이 있는 듯 했다. 승객은 내렸다 탔다를 반복하지만 불평하기는커녕 오히려 신기한 듯 바라본다. 운전사 두 사람이 바퀴를 수월하게 들어올리기에 호기롭게 한 청년이 들어 보는데 꿈쩍도 안 한다. 운전사의 말에 의하면 레일바퀴 하나가 100kg이란다.

●●● 대나무 열차, 노리

이 철로는 기차가 운행되는 철로다. 다만 지금은 관광객을 싣고 일정 구간만 대나무열차가 다니는 것이다. 일주일에 두 번 지나가는 기차 시간에는 대나무 열차는 다닐 수 없다. 언젠가 프놈펜에서 기차를 타고 내가 살고 있는 시소폰으로 돌아오던 날, 이곳 대나무 열차 역을 지나던 기차는 아주 천천히 가며 기차가 지나가기를 기다리던 관광객들에게 경적을 울렸다. 노리는 크메르루즈의 아픈 역사를 안고 태어났지만 지금은 바탐방의 관광 상품이 되어 그 역할을 톡톡히 하고 있다.

하지만 진정으로 크메르루즈의 가장 아픈 역사를 갖고 있는 곳은 따로 있다. 프놈썸뻐으산. 시내에서 12㎞ 떨어져 있는 이 산에는 동굴이 많다. 박쥐동굴로도 유명한 이곳 산 정상 부근에는 수천 명이 학살당한 킬링동굴이 있다. 수직 동굴이 너무 깊어 섬뜩하다. 크메르루즈는 동굴 절벽 안으로 사람들을 밀어 넣었다. 옆의 작은 동굴은 어린이, 노약자를 떨어뜨려 죽인 곳이다.

프놈썸뻐으산을 가면서 박쥐동굴을 기대하고 가지만 동굴의 의미가 학살의 의미를 담고 있다는 것을 알면 혼란스럽다. 킬링동굴을 오르며 죽음의 이 길을 걸었을 수천 명의 사람들을 생각하니 발걸음이 무겁다. 킬링동굴 입구에 서니 동굴 속에서 나오는 차가운 바람이 음산한 기운이 되어 온몸을 감싼다. 누군가 나의 소매를 끄는 것 같다. 산 전체에 억울하게 죽은 영혼들이 구천을 떠돌고 있다. 그래서 킬링동굴은 오래 머물기 어려운 곳이다.

●●● 캄보디아의 밥그릇, 바탐방 곡창 지대

킬링동굴을 벗어나 조금만 걸어 산 정상에 닿으면 그나마 막힐 듯했던 숨을 다시 쉴 수 있다. 이곳에 서면 광활하게 펼쳐진 바탐방의 곡창 지대가 한눈에 들어온다. 드넓은 곡창 지대를 보면 비옥한 이 땅에서 40여 년 전에 벌어졌던 참혹한 현실이 도저히 믿기지 않는다.

저녁마다 박쥐동굴을 나온다는 수천만 마리의 박쥐는 이 죽음에 대해서 알고 있을까? 박쥐들은 매일 저녁 정확한 시간에 나온

●●● 한 시간 가까이 이어지는 박쥐들의 향연

다. 박쥐가 나온다는 그 시간에 맞춰 산 아래는 이미 많은 사람들이 자리를 차지하고 있었다. 나는 킬링동굴에서 느꼈던 음산함이 가시지 않아 박쥐가 나오길 기다리며 맥주 캔을 땄다. 박쥐들은 그들이 알고 있는 어떤 비밀을 알려 주려고 저녁마다 밖으로 나오는 것 같다.

저녁 5시 40분이 되자 박쥐들이 일제히 떼로 몰려나오며 하늘에 긴 포물선을 그린다. 박쥐들의 꼬리 물기는 거의 한 시간 가까이 이어졌다. 수천만 마리의 박쥐는 지금 나갔다 새벽 4시쯤 다시 이곳으로 돌아온다. 길게 이어진 박쥐들의 군무는 킬링동굴의 비밀과는 관계없다는 듯 무척 평화롭게 보였다.

바탐방은 캄보디아에서 두 번째로 큰 도시답게 시내 중심에 쌍커강을 두고 잘 정비되어 있다. 끄럴란을 먹으며 시내를 걷는다. 끄럴란*은 바탐방의 명물이다(물론 다른 지역에서도 판다). 끄럴란은 대나무밥으로 쌀에 코코넛과즙, 콩, 소금과 설탕을 섞어 대나무 안에 넣고 몇 시간 불에 찐다. 대나무 굵기나 크기에 따라 가격이 다르다. 대나무는 칼로 쳐서 얇게 벗겨서 팔기에 손으로 벗겨진다. 맛이 무척 고소하고 영양도 만점이다. 30㎝ 정도 길이가 한국 돈 천 원도 안 된다. 대나무 속 둥그렇게 뭉쳐진 밥을 손으로 떼어 먹다 보면 마치 누룽지 밥을 먹는 기분이다.

*끄럴란, 쏨앙, 쩨익찌은: 부록 "캄보디아의 다양한 간식" 참조

●●● 바탐방의 명물, 끄럴란

캄보디아에서 길거리 간식으로 끄럴란이나 쏨앙*(바나나를 밥으로 입히고 그 잎으로 싸서 숯불에 구운 것), 쩨익찌은*(바나나 껍질을 벗겨 숯불에 구운 것)이 유명한데 나는 끄럴란을 가장 좋아한다. 밥을 거를 때 끄럴란은 훌륭한 식사 대용이 되기도 한다. 끄럴란 두 개면 한 끼를 해결한 것처럼 배가 든든하다.

바탐방은 프랑스 문화가 남아 있어 길 안쪽의 담벼락에 그라피티도 심심찮게 볼 수 있다. 그라피티를 보면 작은딸이 생각난다. 작은딸이 대학교 3학년 때 숙제라며 그라피티를 그리고 사진을 찍

●●● 담벼락의 그라피티

어야 하는데 장소를 찾기 어려워 둘이 이곳저곳 몰래 그림 그릴 곳을 알아본 적이 있다. 그러다 결국은 집 근처 한강변 자전거 도로에 그림을 그렸고, 그 후 나는 한강변을 뛸 때마다 작은딸의 그라피티를 보며 웃곤 했다. 바탐방 시내에는 미술 갤러리도 두 곳 있어 캄보디아 작가들의 작품을 감상하며 향기로운 커피와 고소한 바게트 빵을 즐길 수 있다.

바탐방은 앙코르 제국 시대에 형성된 도시다. 수리야바르만 1세는 바탐방 시내를 중심으로 동서남북으로 15~30㎞ 떨어진 곳에 사원을 세웠다. 그 동서남북의 사원을 외곽으로 연결하면 엄청난 규모다. 그는 바탐방에 대제국을 건설하고 싶었던 것은 아닐까? 하지만 당시 사원의 규모는 크지 않다.

시내에서 북쪽으로 11㎞ 떨어져 있는 아엑프놈 사원. 11세기에 세워진 힌두교 사원으로 대부분 무너졌다. 지금은 관리도 하지 않고 아무도 관심을 두지 않는 사원이지만 수리야바르만 1세(1002~1050)가 이곳에 사원을 지은 것은 그 당시 앙코르 제국이 얼마나 강성했는지를 보여 준다. 중앙성전탑 꼭대기에 누군가가 꽂은 캄보디아 국기가 마치 앙코르 제국의 부활을 염원하는 듯했다.

그리고 남쪽으로 24㎞ 떨어진 산상사원, 바난 사원. 수백 개의 계단을 올라 정상에 닿으면 왜 이곳을 사원으로 선택했는지 알 수 있다. 사방이 한눈에 내려다보인다. 군사적으로도 요새와 같다. 탑을 중심으로 네 개의 탑에 둘러싸인 중앙성소, 그 가운데 우

뚝 솟은 탑은 60년 뒤에 탄생할 앙코르와트 중앙성전탑의 습작이었다.

태국 국경을 떠나 프놈펜으로 걷던 10일간의 여정 중 제일 먼저 만났던 큰 도시 바탐방, 바탐방의 지명은 잃어버린 지팡이 전설에서 유래되었다. 지팡이를 그릇에 받쳐 들고 무릎을 꿇고 있는 검은 피부의 할아버지는 바탐방의 상징물이다. 할아버지 동상이 영험한지 그 앞에는 제물을 놓고 소원을 비는 사람들이 많다. 그들이 믿는 것을 우상이라고 치부하기엔 제를 올리는 의식이 너무 정성스럽다.

프놈펜까지 걸어서 갈 길이 멀었던 그때, 나는 바탐방을 떠나며 할아버지 동상 앞에서 제를 올리는 사람들 옆에 서서 무사 완주를 기원하며 두 손을 모았다. 어쨌든 그날 이후 나는 캄보디아 도보횡단을 무사히 마쳤다. 그 뒤로 바탐방을 오갈 때마다 나는 지팡이를 들고 있는 이 할아버지를 보며 감사 인사를 했다.

●●● 바탐방의 상징물, 지팡이를 든 노인

★ Tip ★

바탐방 여행 정보

■ 대나무 열차

캄보디아 말로 노리(ណូរី)라고 한다. 1998년 주민들이 내전 후 남은 탱크바퀴 부품에 양수기 엔진, 오토바이 엔진을 조합하고 그 위에 대나무로 만든 평상을 얹혀 바탐방~뽀삿을 운행한 것이 유래다. 10㎞ 정도 거리를 시속 30~40㎞로 달린다. 생계를 위해 만든 발이 지금은 바탐방의 대표 관광 상품이 되었다.

■ 바탐방 박물관

앙코르 유적을 비롯하여 다양한 유물이 전시되어 있다. 박물관 건물이 무척 고풍스럽다. 시내에 있어 걸어서 갈 수 있다.

• 입장료 1달러.

■ 바난 사원

11세기 중엽에 건립된 산상의 작은 힌두교 사원. 수백 개의 계단을 올라 산 정상에 닿으면 5개 탑의 사원을 만난다. 산 정상에서 주변 지역이 한눈에 내려다보인다. 우다야디티야바르만 2세(1050~1066) 때 만들어졌다.

■ 아엑프놈 사원

11세기 초에 건립된 힌두교 사원이다. 많이 무너졌지만 형태를 짐작할 수는 있다. 커다란 현대식 사원이 그 앞에 가리고 있어 길에서 보면 잘 안 보인다. 그 사원을 지나 안으로 들어간다.

■ 박쥐동굴, 킬링동굴

시내에서 12㎞ 떨어진 프놈썸뻐으산에 있는 동굴이다. 산 아래에서 산 중턱의 동굴을 보며 기다리면 저녁 5시 반경에 동굴에서 수천만 마리의 박쥐가 나온다. 다 나오기까지 한 시간 정도 이어진다. 매일 약속이나 한 듯이 벌어지는 박쥐들의 향연을 보기 위해 많은 사람들이 찾는다. 산 정상으로 올라가면 크메르루즈 시대의 살해 동굴로 알려진 킬링동굴이 있다. 수천 명을 동굴 안으로 밀어 넣어 죽였다고 한다. 동굴 안은 깊이를 가늠할 수 없을 정도로 절벽이고 깊다.

■ 바탐방 킬링필드 위령탑

삼롱크농 사원 옆에 있다. 크메르루즈 시대 인근에서 살해된 10,006명의 영혼을 위로하기 위해 세운 탑이다. 프놈펜 쩡아엑 킬링필드의 위령탑과 비슷하게 생긴 탑 안에 수많은 유골이 안치되어 있다.

Tour

■ 자유 여행

바탐방 시내는 걸으며 볼 곳이 많다. 그래서 툭툭을 타기보다는 걸으며 여행하는 것도 좋다. 프랑스식의 고풍스러운 건물은 물론 프랑스 문화가 남아 있고 예쁜 카페도 많다. 그림을 전시하는 갤러리도 두 곳 있다. 특히 컨트리사이드 갤러리(Contryside Art Collection)는 캄보디아 예술가들의 수준 높은 작품이 전시되어 있다. 툭툭을 타면 시내 외곽 웬만한 곳도 다 갈 수 있다.

■ 투어 상품

ponleu selpak ngo 단체에서 운영하는 서커스 관람 상품이다(홈페이지 www.phareps.org).

House

■ 숙소

시내에는 호텔과 게스트하우스가 많다. 호텔도 가격이 비싸지 않다. 부킹닷컴, 트립어드바이저, 아고다, 호텔스컴바인 등 숙소 예약 사이트를 통해 예약할 수 있다. 일박에 20~30달러.

Dining

■ 크메르 음식

대도시에 걸맞게 현지 식당은 다양한 캄보디아 음식을 제공하고 있다. 현지인들이 이용하는 식당에서 입맛에 맞춰 골라 먹어도 된다. 크메르 음식 중에 볶음밥류는 한국 사람의 입맛에도 잘 맞는 음식이다.

■ 그 외 음식

레스토랑, 카페, 피자전문점, 아이스크림 전문점 등이 많아 먹는 데 어려움이 없다.

더피자컴퍼니(피자전문체인점) 023880880

상커갤러리 근처에는 '더 김치 086294450' 한국 식당도 있다.

■ coffee shop

아마존, 자루, 커피투데이 등 커피 체인점은 물론 로컬 커피전문점도 많다.

Transportation

■ 시내

툭툭, 모토가 있다. 툭툭은 앱을 이용하면 된다. 하루를 이용하여 먼 곳까지 가고 싶다면 20~25달러에 흥정이 가능하다. 시내 운행의 택시는 없다. 하지만 포이펫, 뽀삿 등 인근 도시로 가는 택시는 많다. 4명 합승, 1인 5달러.

■ 도시 간 이동

바탐방은 태국으로 가거나 프놈펜으로 가는 중에 들르는 여행지로서 전국으로 버스가 수시로 다닌다. meanchey express, cambotra express, virak buntham, capitol bus 등. 다만 인근 도시로 이동 시 인터넷 예약이 안 되므로 버스회사 매표소에서 표를 구매해야 한다.

■ 바탐방~시엠립 배편

하루 한 번 아침 7시에 출발하며 6시간 걸린다. 뱃삯은 12달러.

선착장은 5번국도 상커강 다리에서 남쪽으로 백 미터 지점에 있다. 단, 우기(5월~10월)에만 운행한다.

'앙코르 익스프레스' 전화번호 012689068, 012601287

부록

캄보디아 전통 음식

캄보디아의 다양한 간식

대표적인 캄보디아 과일

캄보디아 전통 음식

꾸이띠우 គុយទាវ

캄보디아의 대표음식 쌀국수. 돼지 뼈로 국물을 우려내고 다양한 야채를 얹어 먹는 캄보디아의 대표적인 음식이다. 캄보디아 사람들은 아침에 대개 꾸이띠우로 식사를 한다. 국물을 만드는 재료에 따라 꾸이띠우쌋꼬(소고기육수), 꾸이띠우쌋쯔룩(돼지고기육수), 꾸이띠우싸못(해물육수)이 있다. 한국 사람들의 입맛에 다 잘 맞는다. *가격 1~1.5달러.

버버 បបរ

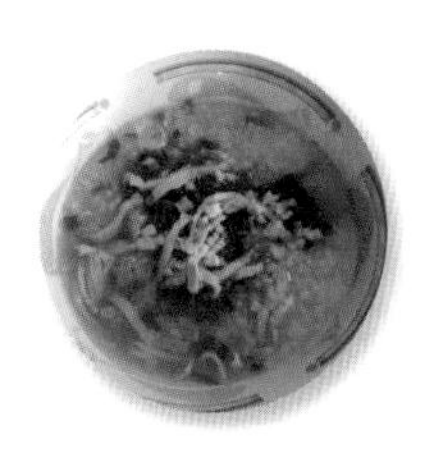

쌀죽. 꾸이띠우와 함께 캄보디아 사람들이 아침에 간단히 먹는 식사다. 쌀죽에 고기나 야채를 올려 먹는다. *가격 0.75달러~1달러.

쁘러혹 ប្រហុក

민물 생선을 발효하여 만든 젓갈류. 캄보디아 거의 모든 음식에 양념으로 들어가며 구이나 요리에 찍어 먹는 소스로도 사용된다. 하지만 비릿하고 향도 강해 외국인은 먹기 힘들다.

쁘러혹크띠 ប្រ ហុក ខ្ទិះ

돼지고기를 갈아서 볶아 만든 양념장. 돼지고기 아랫배 부분을 잘게 다지고 생선 젓갈을 약간만 더해서 양념과 같이 볶다가 코코넛밀크를 넣고 더 볶는다. 생선을 발효해서 만든 것보다는 맛이나 향이 괜찮아 외국인도 먹을 수 있다.

놈반쪽 នំ ប ញ្ចុក

쌀국수에 발효된 생선으로 만든 소스를 얹고 숙주나물, 오이 등의 채소를 넣어 먹는다. 아침 식사나 행사 장소에서 주로 먹는데 두 종류가 있다. 놈반쪽섬러크마에는 생선으로 만든 소스며, 놈반쪽섬러까리는 카레 양념이 듬뿍 들어간 소스로 고기와 야채가 들어간다. 면 위에 국물을 자작하게 부어 비벼 먹듯이 먹는다. 주식이라기보다는 간식의 개념이 강하다. *가격 1달러.

록락쌋고 ឡុក ឡាក់ សាច់គោ

양념 소불고기. 깍두기처럼 썬 쇠고기에 양념장을 두르고 볶은 요리로서 스테이크와 맛이 비슷하여 한국 사람의 입맛에 딱 맞는다.

*가격 2~4달러.

아목 អាម៉ុក

캄보디아의 대표적인 전통 요리. 생선 살코기에 각종 야채와 코코넛밀크를 사용한 걸쭉한 찌개 요리이다. 캄보디아 사람들이 좋아하는 요리지만 약간 역한 맛이 난다. 외국인이 자주 찾는 식당에서는 역한 맛을 줄이고 외국인의 입맛에 맞춘 아목을 제공하기도 한다. 아목은 캄보디아 전통음식점이나 고급식당에서 주로 취급한다. 생선으로 만든 것이 대부분이지만 소고기, 닭고기로도 만들기에 주문할 때 입맛에 맞게 주문하면 된다. 먹을 때는 밥과 함께 먹는다. *가격 5~8달러.

바이차쌋쯔룩 បាយ ឆាសាច់ ជ្រូក

돼지고기볶음밥. 한국에서 먹는 맛과 거의 같다. 돼지고기, 소고기, 계란볶음 등 종류별로 입맛에 맞게 선택할 수 있다. *가격 1.5~3달러.

바이쌋모안 បាយ សាច់មាន់

꾸이띠우와 함께 캄보디아 사람들의 단골 메뉴. 맨밥위에 숯불에 구운 닭고기를 얹은 요리다. 맨밥에 얹는 고기에 따라 이름이 다르다(캄보디아

말로 바이បាយ는 밥, 싸모안សាច់មាន់은 닭고기, 싸꼬សាច់គោ는 쇠고기, 싸쯔룩សាច់ជ្រូក 은 돼지고기). 대개 고기는 팜슈가, 간장, 마늘, 후추 등으로 간을 한 후 숯불에 굽는다. 맛을 돋우기 위해 오이나 토마토를 썰어 같이 접시에 담아 준다.

*가격 1~1.5달러.

썸러머쮸끄릉 សម្ល ម្ជូរគ្រឿង

신맛, 짠맛, 매운맛이 섞여 있는 국물 요리. 주요 재료는 소고기와 시금치다. 어떤 가정에서는 소고기 대신 민물고기를 사용하기도 한다. 약간 시큼한 맛이 있어 한국 사람의 입맛에는 썩 맞지 않는다. 식사 때 밥과 같이 먹는 요리다.

*가격 1.5~3달러.

썸러꺼꼬 សម្លកកូរ

다양한 종류의 야채와 과일에 고기를 넣고 끓인 국. 고기는 생선, 닭고기, 돼지고기를 넣기도 하며 풍성한 내용물과 함께 영양도 많다. 식사 때 밥과 함께 먹는 요리다. *가격 1.5~3달러.

반차에우 បាញ់ ឆែវ

쌀가루 반죽을 바삭하게 부쳐 만든 얇은 노란색 전에 돼지고기, 새우, 양파, 숙주나물 등을 넣고 싸서 먹는다. 전 색깔이 노란 것은 당근과 비슷한 야채에서 나온 색깔로 쌀가루 반죽을 하기 때문이다. 다른 야채나 양념을 곁들여 먹기도 한다. 베트남에서 온 음식이며 캄보디아에서는 생일잔치나 가족 모임 때 부쳐 먹는다.

*가격 0.75~1달러.

놈빵바떼 នំ ប័ ង ប៉ាតេ

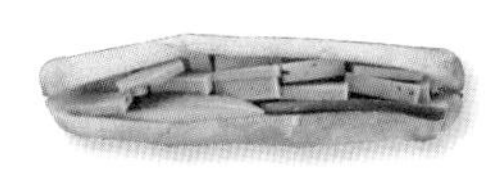

프랑스보호국 시대 캄보디아에 전파되었다. 길쭉한 바게트 빵을 반으로 갈라 버터로 밑간을 하고 그 안에 다진 돼지고기, 소시지, 야채 등을 넣어 만든다. *가격 1달러.

● 캄보디아에서 음식을 주문할 때는 찌(ជី: 캄보디아 고수)의 향을 싫어하는 사람은 미리 얘기해서 넣지 말도록 한다.

캄보디아의 다양한 간식

끄럴란 ក្រ ឡាន

대나무통밥. 코코넛과즙, 콩, 소금과 설탕을 섞은 찹쌀을 대나무통에 넣고 찐다. 보통 파는 대나무의 길이가 30센티를 넘기에 하나만 먹어도 배가 든든하다. 끄럴란을 만들기 위해서는 재료를 넣고 버무린 찹쌀을 대나무 속에 집어넣고 익을 때까지 천천히 익혀야 하는데, 찹쌀을 물에 오래 불리고, 밥을 익히는 데도 2시간 정도 걸린다. 대나무 껍질을 사람 손으로 떼어 내기 쉽게 칼로 쳐서 벗겨 내는 것도 예술이다. *가격 1달러.

쏨앙 អន្សម អាំង

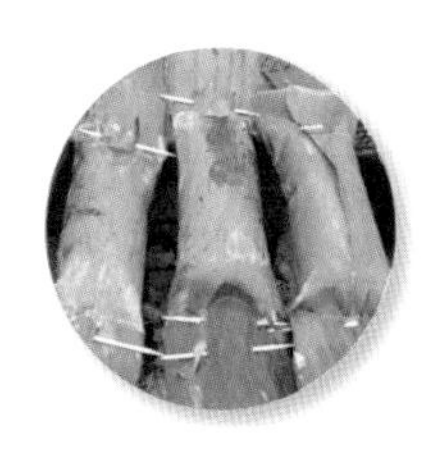

바나나에 밥을 입혀 바나나 껍질에 싸서 숯불에 굽는다. 노릇노릇하게 구워진 쏨앙은 맛이 고소하다. *가격 0.5달러.

쩨익앙 ចេកអាំង

바나나구이. 껍질을 벗긴 바나나를 불에 구워 고소하며 군고구마 맛이 난다. *가격 1달러(4개).

쩨익찌은 ចេកចៀន

바나나튀김. 바나나 껍질을 벗긴 후 겉에 튀김옷을 입혀 튀긴다. 고소하지만 기름을 많이 먹어 약간 느끼한 맛도 난다. *가격 1달러(3개).

쁘러헉 ប្រហិត

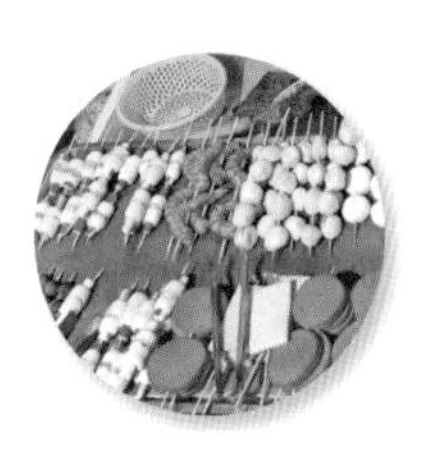

캄보디아 꼬치구이. 소시지, 두부 어묵, 해물, 야채 등을 꼬치에 끼워서 판다. 진열된 것을 손님이 주문하면 굽거나 튀겨 그릇에 담아 준다. 젊은이들이 좋아하는 길거리 음식이다. 빨간 소스에 찍어 먹는다. *가격 1~1.5달러.

로띠 រ៉ូទី

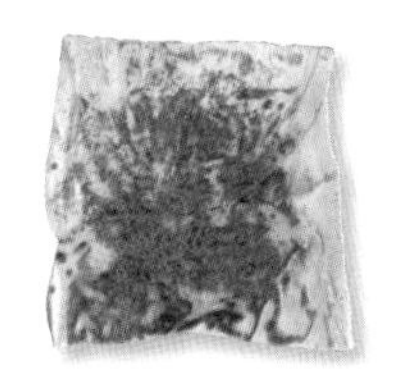

크레페. 밀가루 반죽을 얇게 펴고 계란 노른자를 넓게 펴서 뜨거워진 철판에 기름을 두르고 익힌 후 연유나 초코시럽(또는 초코가루)을 넣어 말아 준다. *가격 0.5달러.

놈언썸 នំ អន្សម

캄보디아 떡. 쫄츠남(캄보디아 설날)이나 프춤번(캄보디아 추석) 등 큰 명절에 캄보디아 사람들이 많이 해 먹는 떡이다. 찹쌀떡 안에 바나나를 넣는 것과 잘게 썬 돼지고기를 넣는 것 두 종류가 있다. 찹쌀떡을 바나나 잎으로 감싼 후 줄로 묶어 마무리한다. 하지만 한국의 떡과는 약간 맛이 다르다. 외국인의 입맛에는 바나나 놈언썸이 먹기에 낫다. *가격 0.5달러.

냐엠 ណែម

어묵의 일종. 생선과 여러 재료들을 섞어서 만든다. 다진 날생선살, 구운 쌀, 야채, 생강, 고추 등과 섞고 여기에 소금, 설탕, 조미료 등을 첨가해 맛을 돋운다. 완성된 냐엠은 비닐이나 바나나 잎에 싼 뒤 노끈으로 묶어 판매한다. 생선에서 나는 특유의 냄새 때문에 외국인은 먹기가 쉽지 않다. 식감은 햄, 소시지와 비슷하고 시큼한 맛, 매운맛이 함께 난다. *가격 1~2달러(10개).

뽕띠어꼰 ពង ទាកូន

오리의 태아가 들어 있는 오리알. 겉에서 보면 일반 삶은 계란과 같지만 껍질을 까 보면 자라다만 오리 태아의 깃털, 부리, 눈동자 등이 그대로 보인다. 외국인은 먹어 볼 엄두가 안 나지만 캄보디아 사람들은 누구나 즐기는 고단백 간식이다. 먹을 때는 오리알의 뾰족한 부분을 밑으로 하고 위를 깨서 작은 수저로 속을 저은 후 먹는다.

*가격 0.75달러(한 개).

축 ឈូក

연꽃 열매. 연두색의 연꽃열매 껍질을 까면 하얀 속살이 마치 작은 생밤 같다. 신장과 혈액 순환에 좋다고 알려져 있다. *가격 1달러(3개).

놈까차이 នំ កាឆាយ

크로켓 튀김. 쌀 반죽 안에 돼지고기와 야채를 넣고 튀긴다. 무척 뜨거워 조심해서 먹어야 한다.

*가격 0.5달러.

놈범봉 នំ បំពង

쌀가루를 가느다란 쇠막대기에 쑤셔 넣고 찐다. 백설기 같은 맛이 난다. *가격 0.75달러.

놈끄룩 នំ គ្រក់

쌀가루로 만든 풀빵. 부드럽고 고소하다. 속이 비어 있어 먹을 때 입천장을 데일 수 있어 조심해야 한다. *가격 1달러(4개).

뜩엄뻐으 ទឹក អំពៅ

사탕수수즙 음료. 엄빠우는 대나무처럼 생긴 사탕수수 식물이다. 껍질을 벗긴 사탕수수 줄기를 착즙기에 넣고 즙을 짠다. 당분이 많아 설탕덩어리다. 물(즙)을 캄보디아 말로 뜩(ទឹក)이라고 한다. 뜩엄뻐우는 더운 날씨에 갈증을 해소해 주는 자연 음료로 캄보디아 길거리 어디서나 쉽게 볼 수 있다. 탄산음료에 비해 가격도 저렴하다.

*가격 0.25달러.

까훼뜩떠꼬 កាហ្វេទឹក ដោះគោ

캄보디아 커피. 끓인 커피에 연유를 넣고 섞은 후 얼음이 담긴 컵에 붓는다. 한국 사람의 입맛에는 너무 달게 느껴질 정도이다. 단것을 싫어하는 사람은 연유를 조금만 넣어 달라고 주문하면 된다.

*가격 0.5달러.

대표적인 캄보디아 과일

망고 스와이 ស្វាយ

캄보디아 사람들이 가장 즐겨 먹는 과일이다. 3~4월이 제철이다. 망고는 단맛, 신맛의 여러 종류가 있으며 음식의 재료로도 쓰고 간을 하여 밥반찬으로 먹기도 한다. 껍질이 노란색의 잘 익은 망고는 속살이 설탕처럼 달다. 캄보디아에서는 거의 모든 집에 망고나무가 심어져 있을 정도로 흔한 과일이라 그만큼 가격도 싸다. 캄보디아 망고는 크기나 맛에서 세계적으로도 으뜸이다.

코코넛 동 ដូង

코코넛은 과일이라기보다는 음료에 가깝다. 코코넛 껍데기를 벗기면 흰색이 된다. 냉장고에 넣어 차갑게 먹기 위해 껍데기를 벗기는 수고가 드니 조금 더 비싸다. 빨대를 꽂아 빨아 먹는데 400~500㎖로 생각보다 양이 많다. 더위에 지쳤을 때 물이나 음료수보다 갈증을 해소하는 데 최고다.

두리안 투렌 ធូរេន

꼬리꼬리한 냄새가 강해 호불호가 갈리는 과일이다. 주로 생과일로 먹는데 그 외에도 디저트, 아이스크림, 과자, 셰이크 등 다양한 음식으로 만들어 먹는다. 두리안의 씨는 삶아서 먹기도 하는데 고구마와 비슷한 맛이 난다.

두리안 하나는 약 7~8kg 정도로 큰 편이다. 가시로 둘러싸인 초록빛의 껍질을 벗기면 옅은 노란빛의 부드러운 속살이 나온다. 냄새가 강해 캄보디아의 어떤 호텔은 반입을 금지하기도 한다.

용과 쓰러까니억 ស្រកានាគ

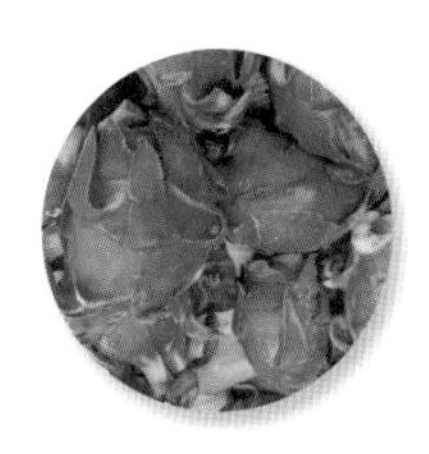

드래곤프루트(dragon fruit). 열매가 달려 있는 모습이 용이 여의주를 물고 있는 모습과 닮았다고 해서 붙여진 이름이다. 변비와 피부 미용에 좋다고 알려져 있다. 맛은 약간 밍밍하지만 씹으면 새콤하고 달콤한 맛이 느껴진다. 속이 흰색, 빨간색, 황색의 세 종류가 있는데 빨간색이 더 맛있고 가격도 조금 비싸다.

몽키바나나 쩨익난봐 ចេក ណាំ វ៉ា

어른 손가락 크기의 작은 바나나. 원숭이가 즐겨 먹는다고 해서 붙여진 이름이다. 일반적으로 고지대에서 자란다. 껍질이 얇고 무척 달다. 칼륨과 섬유질이 풍부하다.

파파야 러홍 ល្ហុង

초록색의 파파야는 익으면 노란색으로 변한다. 속은 짙은 노란색 또는 주황색을 띠며 아주 달다. 파파야는 섬유질이 많아 변비 예방에 좋으며 특히 노인의 소화 작용에 효과가 있다고 알려져 있다. 또한 파파야는 단백질을 분해시켜 다이어트에도 효과적이라 젊은 사람들에게도 좋다.

미은 미은 មាន

당도가 매우 높은 과일로 캄보디아 대표적인 과일 중 하나다. 캄보디아 어딜 가도 볼 수 있다. 손으로 쉽게 껍질이 벗겨진다. 얇은 껍질을 벗기면 하얀 속살이 드러나는데 씨가 너무 커서 먹을 게 없다는 사람도 있다.

람부탄 싸으마으 សាវ ម៉ាវ

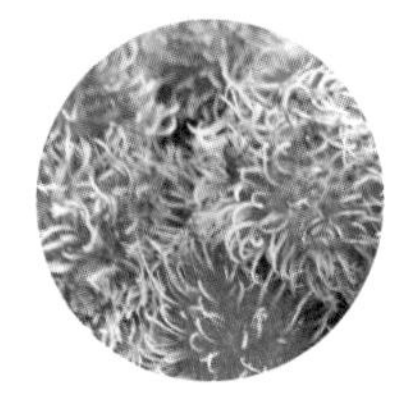

털이 수북한 모양이라 선뜻 손이 가지 않으나 무척 달고 맛있다. 녹색 털에 껍질은 불그스름한 색을 띤다. 속은 하얗다. 즙이 많으며 달아서 한번 맛을 들이면 계속 먹게 된다. 비타민 C가 풍부하여 면역력 증진에 좋은 과일로 알려져 있다. 손으로 까서 먹는다.

망고스틴 멍쿳 ម ង្ឃុត

빅토리아 여왕이 즐겨 먹었다고 해서 과일의 여왕이라고 불린다. 자줏빛을 띤 검은색으로 꽃받침이 붙어 있다. 그 안의 열매는 골프공만 한 크기로 흰색이며 마치 모양이 육쪽 마늘 같다. 달콤하고 상큼한 맛이 어떤 열대 과일보다 강하다. 항산화 작용과 항균 작용을 하여 복통이나 설사, 궤양 치료에 사용하기도 한다. 하지만 탄닌이 많기에 변비 있는 사람이 먹으면 안 좋다. 먹을 때는 꼭지를 따고 손으로 살짝 비틀면 반으로 쪼개진다.

주석

1) EBS 특별기획 다큐멘터리 〈앙코르와트〉, 2016

2) 유목민루트, 『앙코르 인 캄보디아』, 두르가, 2005, 83p

3) 위의 책, 147p

4) 위의 책, 98p

5) 위의 책, 177p

6) 위의 책, 240p

7) 위의 책, 241p

8) 위의 책, 269p

9) 위의 책, 279p

10) 위의 책, 306p

11) 위의 책, 286p

참고문헌

- Mecheal D.ceo, 『Angkor and the khmer civilization』, Thamas & Hudson, 2003
- 야프반히네겐, 『인도차이나 현대사』,여래출판사, 1985
- 유목민루트, 『앙코르 인 캄보디아』, 두르가, 2005
- www.globaltravel-cambodia.com
- www.khmertimeskh.com
- www.tourismcambodia.org

- www.tourismcambodia.com
- www.canbypublication.com
- www.ebs.co.kr
- www.nccambodia.com

프놈펜

SANGKAT SRAH CHAK
សង្កាត់ស្រះចក
왓프놈
나이트 마켓
KHAN TUOL KOUK
ខណ្ឌទួលគោក
트마이 시장
리버프론트
SANGKAT MITTAPHEAP
សង្កាត់មិត្តភាព
왓우나롬
HUM SE PE SE
캄푸치아 크롬 블러바드
street 178
프놈펜 국립 박물관
SANGKAT PHSAR DEPOU TI BEI
오르싸이 마켓
프놈펜 왕궁
돈레메콩강
SANGKAT TUEK L'AK TI BEI
루 파스퇴르 No. 51
The National Olympic Stadium
경기장
Mekong River
올림픽 마켓
독립기념탑
꺼삑섬
SANGKAT BOENG SALANG
OU BAEK K'AM
뚜얼슬랭박물관
이온몰 프놈펜
Aeon Mall Phnom Penh
Koh Pich
SANGKAT TUMNOB TUEK
PHUM KAOH NOREA
PHUM PREK TOAL
상캇 스텅 민 치
뚤똠봉시장
PHUM DAMNAK
쩡아엑
메콩 리버 스트리트

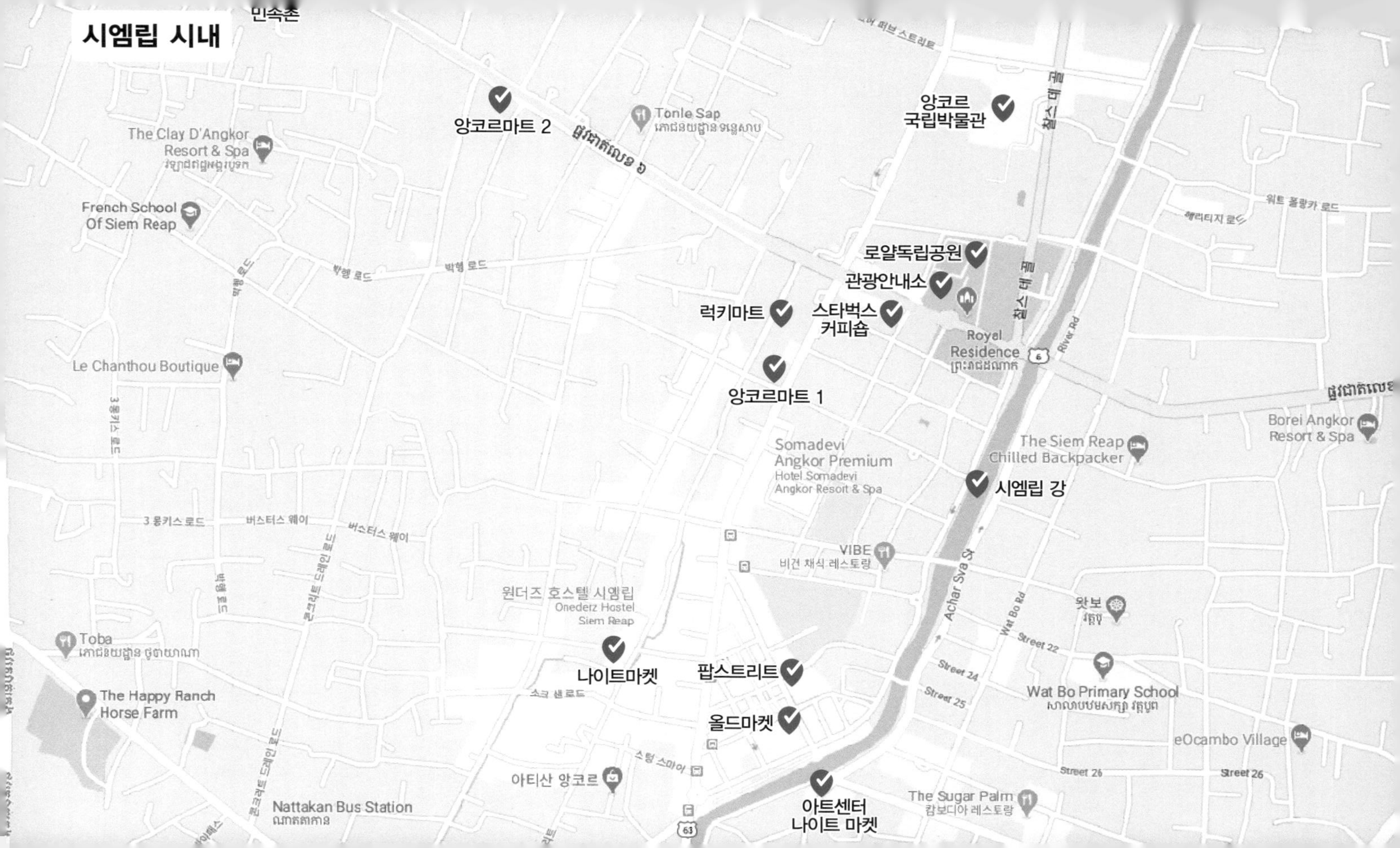
시엠립 시내
민속촌
앙코르마트 2
Tonle Sap
The Clay D'Angkor
Resort & Spa
French School
Of Siem Reap
앙코르
국립박물관
박행 로드
로얄독립공원
관광안내소
럭키마트
스타벅스
커피숍
Royal
Residence
Le Chanthou Boutique
앙코르마트 1
Borei Angkor
Resort & Spa
Somadevi
Angkor Premium
Hotel Somadevi
Angkor Resort & Spa
The Siem Reap
Chilled Backpacker
시엠립 강
3 롱키스 로드
버스터스 웨이
VIBE
비건 채식 레스토랑
Achar Sva St
River Rd
원더즈 호스텔 시엠립
Onederz Hostel
Siem Reap
왓보
Wat Bo Rd
Street 22
Toba
Street 24
Street 25
나이트마켓
팝스트리트
The Happy Ranch
Horse Farm
Wat Bo Primary School
올드마켓
eOcambo Village
아티산 앙코르
Street 26
Nattakan Bus Station
아트센터
나이트 마켓
The Sugar Palm
캄보디아 레스토랑

앙코르 유적
프놈쿨렌산
Angkor Thum
뻬레아칸 사원
닉뽀안 사원
앵코리안 저수지
Ankorian Reservoir
왕궁터
코끼리 테라스
East Baray
바푸온 사원
바이욘 사원
Preah Dak
810
따프롬 사원
Srah Srang
앙코르톰
프놈바켕
앙코르와트
씨엠립 국제공항
Street 60
로드 넘버 60
스트리트 30
시엠립 시내
바꽁사원